Fallfilmverdampfung viskoser Reinstoffe unter Berücksichtigung der Einlaufgeometrie

Von der Fakultät für Maschinenbau
der Technischen Universität Carolo-Wilhelmina zu Braunschweig

zur Erlangung der Würde

einer Doktor-Ingenieurin (Dr.-Ing.)

genehmigte Dissertation

von Stefanie Arndt
aus Mainz

eingereicht am: 14.11.2011

mündliche Prüfung am: 9.12.2011

Referenten: Herr Prof. Dr.-Ing. Stephan Scholl
Frau Univ.-Prof. Dr.-Ing. habil. Andrea Luke
Vorsitzender: Herr Prof. Dr. techn. Reinhard Leithner

2011

Vorwort

„Kirk: Mr. Spock, alle neuen Fakten scheinen unsere Situation noch komplexer zu gestalten.
Spock: Das ist ein unvermeidliches Risiko bei allen wissenschaftlichen Bemühungen, Captain.“

Carmen Carter: McCoys Träume, S.93 , Heyne-Verlag, 1997

In fünf Jahren am Institut für Chemische und Thermische Verfahrenstechnik der Technischen Universität Carolo-Wilhelmina zu Braunschweig hatte ich die Möglichkeit, die vorliegende Arbeit anzufertigen.

Mein Dank gilt Prof. Dr.-Ing. Stephan Scholl für das sehr interessante Thema und die Betreuung der Arbeit. Ebenso danke ich Prof. Dr.-Ing. Andrea Luke für die Erstellung des Zweitgutachtens. Ein besonderer Dank auch an Prof. Dr. techn. Reinhard Leithner für die kurzfristige Übernahme des Prüfungsvorsitzes.

Finanziert wurde ein Großteil der Arbeiten von der Deutschen Forschungsgemeinschaft (DFG).

Aber auch ohne die Mitarbeiter des Institutes wären einige Teile der Arbeit nicht möglich gewesen. So danke ich allen Mitarbeitern des Institutes für die Unterstützung und für zahlreiche Diskussionen.

Nicht zuletzt danke ich meiner Familie und meinen Freunden für Unterstützung, wenn sie nötig war, Ablenkung, wenn sie gebraucht wurde und Anerkennung, wenn sie angebracht war.

Inhaltsverzeichnis

Kurzfassung

Gegenstand der vorliegenden Arbeit ist die Fallfilmverdampfung viskoser Reinstoffe mit besonderem Fokus auf die Einlaufgeometrie. Zur Messung des Wärmeübergangs wurde ein Einrohr-Fallfilmverdampfer aus Edelstahl ($d_i \; x \; s \; x \; l \; = \; 30 \; x \; 3 \; x \; 2500 \; mm$) aufgebaut und betrieben. Der Wärmeübergang wurde mit Wasser und den viskosen Medien Propylenglykol und Cyclohexanol untersucht. Zur Variation der Einlaufgeometrie dienten ein Glattwehr und ein Turmwehr. Außerdem wurde die Fluiddynamik des Rieselfilms in Abhängigkeit von der Einlaufgeometrie im oberen Bereich einer unbeheizten Anlage untersucht. Eine computergestützte Methode zur Auswertung von fotografischen Aufnahmen wurde entwickelt, um die Fluiddynamik von Wasser/ Polyvinylpyrrolidon Lösungen zu analysieren.

Die Ergebnisse der Experimente zum Wärmeübergang zeigen, dass für viskose Medien die Korrelationen nach VDI Wärmeatlas [Schnabel et al., 2006, Abschnitt Md] nicht hinreichend zuverlässig sind. Ebenso können die Korrelationen nach Alhusseini [Alhusseini, 1995] und Weise [Weise, 2007], die für viskose Medien entwickelt wurden, die experimentell ermittelte Nusselt-Zahl sowohl qualitativ als auch quantitativ nicht zufriedenstellend beschreiben.

Die Wärmeübergangsmessungen lassen erkennen, dass die Geometrie der Anlage, speziell die Einlaufgeometrie einen signifikanten Einfluss auf den integralen Wärmeübergangskoeffizienten bei der Verdampfung viskoser Medien hat. Durch den Einsatz des Turmwehrs konnte der Wärmeübergangskoeffizient bei erhöhten Prandtl-Zahlen und hohen Reynolds-Zahlen maßgeblich erhöht werden. Der Vergleich der Anlagenkonfigurationen von Alhusseini und Weise zeigt, dass die Rohrlänge den integralen Wärmeübergang ebenfalls beeinflusst.

Die Messungen der Fluiddynamik lassen erkennen, dass es im Bereich nach der Filmaufgabe zu einer wellenfreien Zone kommt. Die Länge dieser Zone schwankt stark. Der Mittelwert ist abhängig von der Berieselungsdichte, der Viskosität des Mediums und auch von der Einlaufgeometrie.

In einem ersten Modellierungsansatz wurde das Modell nach Alhusseini modifiziert, so dass die experimentellen Daten beschrieben werden. Eine hohe Zahl an Fallunterscheidungen ist nötig, um die experimentellen Daten nach diesem Ansatz wiederzugeben. In einem zweiten Ansatz wurde eine Modellierung durch die Isolierung der Einflussgrößen vorgenommen. Die ermittelten Modellgleichungen beschreiben die experimentellen Ergebnisse stoffunabhängig mit einer Genauigkeit von $\pm$ 15 %.

Abstract

In the present study the falling film evaporation of pure liquids with increased viscosities and different film inlet geometries is investigated. A stainless steel falling film evaporator with dimensions of $d_i \; x \; s \; x \; l \; = \; 30 \; x \; 3 \; x \; 2500 \; mm$ was used to quantify the heat transfer of water, propylene glycol and cyclohexanol in falling films. Two different weirs, a flat and a slotted weir, were used in the apparatus to investigate the influence of the inlet geometry. Additionally the fluid dynamics in the upper region of a falling film were studied with water and solutions of water/polyvinylpyrrolidone. Fluid dynamics were examined in dependency of the film inlet geometry in a Plexiglas® tube. A computer based analysis of photographs was used to qualify the fluid flow.

Results of the heat transfer measurements show that the conventional correlations to predict the heat transfer coefficients by VDI Wärmeatlas [Schnabel et al., 2006, part Md] can not be applied for the calculation of the heat transfer of viscous media. Correlations given by Alhusseini [Alhusseini, 1995] and Weise [Weise, 2007], based on measurements with liquids with increased viscosities, do not describe the integral heat transfer coefficient for the evaporation of propylene glycol and cyclohexanol in the present test rig qualitatively and quantitatively.

Heat transfer measurements in this study reveal that the geometry of the test rig, especially the fluid inlet geometry, has a significant influence on the integral heat transfer coefficient for viscous media. Results of the slotted weir show that the heat transfer coefficient can be enhanced significantly at increased Prandtl numbers and at increased Reynolds numbers. A comparsion to the rig geometries from Alhusseini and Weise shows, that the length of the used evaporation tube affects the degree of influence of the fluid inlet geometry.

Results from fluiddynamic measurements reveal a wave free zone in the upper region of the tube, though the length of the wave free zone fluctuates. The average length depends on the irrigation rate, the fluid viscosity and on the geometry of the fluid inlet.

In a first modelling approach the Alhusseini model is modified to describe the experimental results. However, a high number of different equations is needed to describe the different results for cyclohexanol and propylene glycol as well as the results for the different inlet geometries. Thus a model is developed through the separation of the influence parameters, irrigation rate and viscosity, to describe the heat transfer coefficient. With this model the description of the experimental results with less equations and less complexity is possible.

Abkürzungs- und Größenverzeichnis

Lateinisch

A	Fläche	m^{-2}
A_1, A_2, A_3	Parameter Modell Alhusseini	
a, b, c, m, n	Anpassungsparameter	
B	Parameter Modell Alhusseini	
C_1	Parameter Modell Alhusseini	
c_p	spezifische Wärmekapazität	$J\ kg^{-1}\ K^{-1}$
g	Erdbeschleunigung	9,81 $m\ s^{-2}$
Δh_v	Verdampfungsenthalpie	$J\ kg^{-1}\ K^{-1}$
k	Wärmedurchgangskoeffizient	$W\ m^{-2}\ K^{-1}$
l^*	dimensionslose Einlauflänge	
l	Länge	m
$\dot{m}$	Massenstrom	$kg\ s^{-1}$
p	Druck	bar
$\dot{Q}$	Wärmestrom	W
$\dot{q}$	Wärmestromdichte	$W\ m^{-2}$
R_f	Foulingwiderstand	$m^2\ K\ W^{-1}$
R	Grundrauhtiefe	μm
s	Wanddicke	m
ΔT	Temperaturdifferenz	K
T	Temperatur	$°C$
U	Umfang	m
w	Breite (width)	m
x	Massenanteil	gew%

Griechisch

α	Wärmeübergangskoeffizient	$W\ m^{-2}\ K^{-1}$
$\bar{\Gamma}^*$	Berieselungsdichte nach Yakubson.1978	$m^3 m^{-1} h^{-1}$
$\dot{\Gamma}$	Berieselungsdichte	
	(Massenstrom pro Sekunde und Länge)	$kg\ m^{-1} s^{-1}$
$\dot{\Gamma}^*$	Berieselungsdichte	
	(Volumenstrom pro Stunde und Länge)	$m^3 m^{-1} h^{-1}$
δ	Schichtdicke	m
η	dynamische Viskositat	$Pa\ s$
λ	thermische Leitfähigkeit	$W\ m^{-1}\ K^{-1}$
ν	kinematische Viskosität	$m^2\ s^{-1}$
ρ	Dichte	$kg\ m^{-3}$
σ	Oberflächenspannung	$N\ m^-1$

Indices

a	außen
abk	abkühlen
Alhusseini	nach Modell Alhusseini
anw	Anwärmung
aufh	aufheizen
CHEX	Cyclohexanol
D	Dampf
δ	Filmdicke
E	Einlauf
EB	Einlaufbereich
F	Flüssigkeit, Film
ges	Gesamtstrom
Glatt	Glattwehr
HD	Heizdampf
HDK	Heizdampfkondensat
HS	Heizseite

i	innen
instab	instabil-wellig
Kond	Kondensation
krit	kritisch
l	laminar
l-w	laminar-wellig
m	mittel
max	Maximum
min	Minimum
PG	Propylenglykol
PS	produktseitig
S	siedend
stab	stabil-wellig
t	turbulent
Turm	Turmwehr
Ü	Übergang
∞	unendlich
VD	Verdampfen
VL	Verlust
W	Welle
w	wellig
$+$	dimensionslos

Dimensionslose Kennzahlen

B_0	Siedekennzahl	$\frac{\dot{q}}{\dot{\Gamma}\Delta h_V}$
Ka	Kapitza-Zahl	$Ka = \frac{\eta^4 \cdot g}{\rho \cdot \sigma^3}$
Nu	Nusselt-Zahl	$Nu = \frac{\alpha}{\lambda} \cdot \left(\frac{\nu_F^2}{g}\right)^{1/3}$
Pr	Prandtl-Zahl	$Pr = \frac{\eta \cdot c_p}{\lambda}$
$\bar{Re}$	Reynolds-Zahl nach Yakubson.1978	
Re	Reynolds-Zahl	$Re = \frac{\dot{\Gamma}}{\eta}$

Abbildungsverzeichnis

Tabellenverzeichnis

1 Einleitung

In der chemischen Industrie und bei der Herstellung von Lebensmitteln wird sehr häufig mit Flüssigkeiten gearbeitet, die einerseits mit Wärme behandelt werden müssen, andererseits gegenüber hohen Temperaturen und lang andauernder Erhitzung empfindlich sind. In diesen Fällen werden vorzugsweise Fallfilmverdampfer eingesetzt, die aus senkrechten von außen beheizten Rohren bestehen. An der Innenseite der Rohre rieselt ein dünner Produktfilm schwerkraftgetrieben herab.

Zur Eindampfung von Zuckerlösungen vor der Kristallisation hat sich der Einsatz von Fallfilmverdampfern durchgesetzt. Aufgrund der Eigenschaften der Zuckerlösung muss ein kleines Temperaturfenster eingehalten werden [Urbaniec, 2004]. Die mehrstufige Verschaltung der Fallfilmverdampfer bewirkt, dass der Energiebedarf in Form von Heizdampf deutlich reduziert werden kann. Der Heizdampf kann in mehren Stufen bei unterschiedlichem Druck verwendet werden oder der erzeugte Brüden kann in anderen Stufen als Heizdampf genutzt werden.

Die Auslegung von Anlagen für Produktmedien mit Viskositäten ähnlich der von Wasser wird anhand einer Vielzahl an Berechnungsvorschriften vorgenommen. Nach VDI Wärmeatlas [Schnabel et al., 2006, Abschnitt Md] sowie Wadekar [Wadekar, 2003] sind diese als gesichert zu betrachten [Weise, 2007]. Für höhere Viskositäten liegen nur wenige Auslegungsgleichungen vor. Die Viskosität einer reinen Saccharoselösung liegt bei einem Zuckergehalt von 70 % und einer Temperatur von $T = 100\,°C$ bereits bei $\eta \geq 10\,mPa\,s$ [Schmidt, 2000], und ist damit zehn mal so hoch wie die Viskosität von Wasser bei Raumtemperatur. Die Übertragbarkeit der wenigen Korrelationen bei hohen Viskositäten auf die industrielle Anwendung ist unsicher. Die Korrelationen wurden auf der Basis von experimentellen Laboruntersuchungen entwickelt. Die verwendeten Anlagen unterschieden sich in verschiedenen Aspekten von der in der Industrie angewendeten Konfiguration. So wurden größtenteils außen berieselte Versuchsrohre verwendet, für die Filmaufgabe werden Ringspalte in der Forschung am häufigsten verwendet. In der Industrie befindet sich das Produkt meist auf der Innenseite des Rohres, die Filmaufgabe erfolgt durch Überlaufwehre.

Die vorliegende Arbeit untersucht den Einfluss der Produktviskosität, dargestellt durch die Prandtl-Zahl auf die Fallfilmverdampfung. Diese wird über die Veränderung der Siedetemperatur der Reinstoffe durch entsprechenden Druck im Versuchsrohr eingestellt. Darüber hinaus wird der Einfluss der Anlagengeometrie auf den Wärmeübergangskoeffizienten auf der Produktseite untersucht. Insbesondere die Änderung der Einlaufgeometrie wird in die experimentellen Betrachtungen eingeschlossen.

Zunächst wird der aktuelle Forschungsstand im Bereich der Fallfilmverdampfung zusammengefasst mit besonderem Fokus auf die eingesetzten Versuchsmedien und Anlagengeometrien. Daraufhin folgt die Darstellung der eigenen experimentellen Ergebnisse für die Fallfilmverdampfung mit zwei verschiedenen Einlaufgeometrien und verschiedenen Produktviskositäten. Ebenso werden die Ergebnisse der fluiddynamischen Untersuchung des Einlaufbereiches vorgestellt. Die in Verdampfungsversuchen erzielten Ergebnisse werden mit den vorhandenen Korrelationen aus der Literatur verglichen und die Möglichkeit einer stoffunabhängigen Modellierung wird geprüft.

2 Forschungsstand

Bei der Fallfilmverdampfung wird ein dünner Flüssigkeitsfilm, der an einer beheizten Wand herab rieselt, verdampft. Durch die Nutzung eines dünnen Filmes ist nur eine geringe treibende Temperaturdifferenz zwischen der Heiz- und Produktseite nötig, um den Leichtsieder zu verdampfen. Dies bewirkt eine materialschonende Wärmebehandlung, die das Produkt im Gegensatz zu vollständig gefluteten Rohren kleineren Wandtemperaturen aussetzt. Außerdem ist es möglich, Energie effizient zu nutzen, da Kopplungen im Prozess zwischen unterschiedlichen Temperaturniveaus durchgeführt werden können.

Der Film wird bei der Fallfilmverdampfung in vertikalen Rohren durch die Schwerkraft erzeugt. Mechanische Wischer werden nicht eingesetzt. Dies macht die Fallfilmverdampfung zu einer vergleichsweise kostengünstigen Technik in Bezug auf Investitionen.

Weitere Vorteile der Fallfilmverdampfung sind der sehr geringe Druckverlust sowie die geringe Produktmenge, welche mit der heißen Wand in direktem Kontakt steht. Darüber hinaus kommt es bei Fallfilmverdampfung zu keiner durch die hydraulische Höhe bedingten Druckänderung, die die Verdampfungstemperatur beeinflusst [Schuchmann et al., 2005].

Die Rohre eines Fallfilmverdampfers haben im Allgemeinen Rohrlängen zwischen $l = 4\ m$ und $l = 20\ m$ bei Außendurchmessern von $d_a \approx 0{,}026 \ldots 0{,}09\ m$. Dies entspricht einem Verhältnis von Länge zu Innendurchmesser von $\frac{l}{d_i} = 150 \ldots 200$, bei tiefen Verdampfungsdrücken auch bis ca. $\frac{l}{d_i} = 100$. Durch den geringen Druckverlust in den Verdampferrohren können Verdampfungsdrücke von bis ca. 5 $mbar$ realisiert werden [Scholl et al., 2006]. In der industriellen Anwendung wird der Film üblicherweise an der Innenseite der Rohre ausgebildet. Die mittleren Filmdicken betragen $\delta_m = 0{,}1 \ldots 2\ mm$ [Al-Sibai, 2004] bei typischen Berieselungsdichten von $\dot{\Gamma}^* = 1{,}2 \ldots 1{,}5\ m^3\, m^{-1}\, h^{-1}$[Scholl et al., 2006] [1].

Fallfilmverdampfer können als Gegen- oder Gleichstromapparate ausgelegt werden, bezogen auf die Stromführung des entstehenden Dampfes, siehe Abbildung 2.1.

Die Wahl der Bauform beeinflusst die Fluiddynamik des Filmes. Bei einer Gegenstromführung kann es bei hohen Dampfvolumenströmen und damit hohen Dampfgeschwindigkeiten zu einer Verlangsamung des Filmes an der Oberfläche bis zu einem Tropfenmitriss (Entrainment) kommen. In Gleichstromapparaten kommt es bei hohen Dampfvolumenströmen zu einer Beschleunigung an der Filmoberfläche.

[1] Eine volumenbezogene Berieselungsdichte von $\dot{\Gamma}^* = 1{,}2 \ldots 1{,}5\ m^3\, m^{-1}\, h^{-1}$ entspricht bei einer Dichte von $\rho = 950\ kg\, m^3$ einer massenbezogenen Berieselungsdichte von $\dot{\Gamma} = 0{,}3 \ldots 0{,}4\ kg\, m^{-1} s^{-1}$

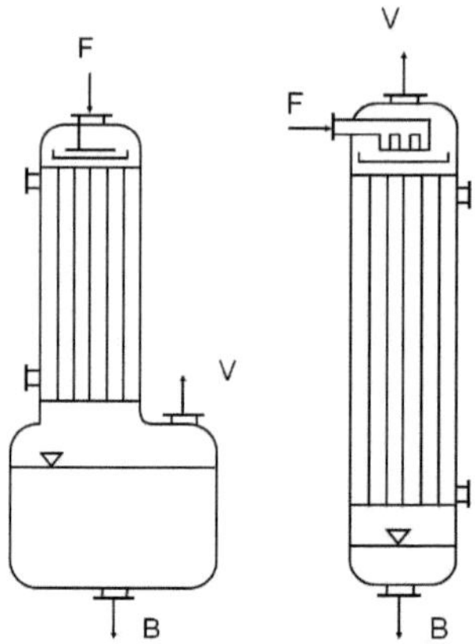

Abbildung 2.1: Fallfilmverdampfer in Gleichstrom- (links) und Gegenstromfahrweise (rechts) [Scholl et al., 2006]; V= Vapour, Dampf; F= Flüssigkeit; B = Brüden

Für eine produktschonende Behandlung von thermisch empfindlichen Produkten ist bei Fallfilmverdampfern die Verteilung der Flüssigkeit auf der beheizten Fläche von besonderer Bedeutung. Ist eine vollständige Benetzung der beheizten Fläche nicht gegeben, kommt es zu lokalen Überhitzungen und damit zur thermischen Schädigung und zu verstärktem Fouling [Lozano Aviles, 2007]. Daher ist es nötig, die Berieselungsdichte ausreichend hoch zu halten und die Filmaufgabe am oberen Ende der Rohre so zu gestalten, dass eine gleichmäßige Berieselung stattfindet. Als Filmaufgabesysteme sind die in Abbildung 2.2 dargestellten Wehre weit verbreitet.

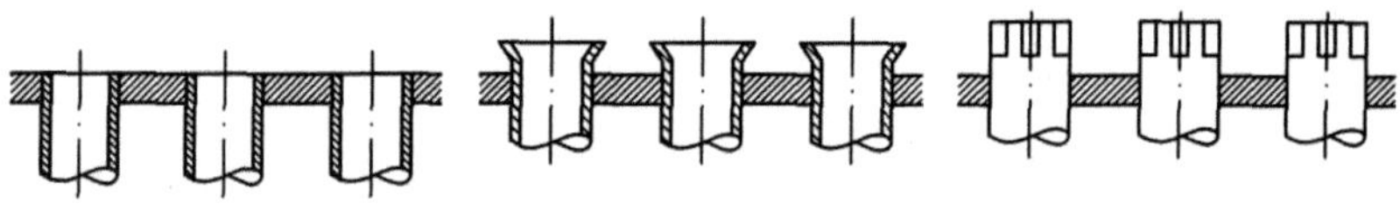

Abbildung 2.2: Filmaufgabesysteme für innen berieselte Rohre [Scholl et al., 2006]

2.1 Fallfilmverdampfer in der industriellen Anwendung

Fallfilmverdampfer werden in der industriellen Anwendung eingesetzt, um thermisch sensitive Materialien zu behandeln. Sie gehören insbesondere in der Lebensmittelindustrie zu den Standardverdampfern [Chen, 1997] und lösen die Steigfilmverdampfer ab [Schuchmann et al., 2005]. Anwendungsgebiete für Fallfilmverdampfer sind die Konzentrierung von Stärkeprodukten, die Konzentrierung von Milchprodukten aber auch die Herstellung von Fruchtsaftkonzentrat und die Konzentrierung von Genussmitteln wie Kaffee oder Tee [Schuchmann et al., 2005].

In der Milchindustrie ist der Prozess der Konzentrierung von Milchprodukten, gemeinsam mit der Trocknung zur Produktion von Milchpulver, der energieintensivste Prozessschritt [Ramirez et al., 2006]. Bei der Aufkonzentrierung steigt dabei die Viskosität der Milch mit steigender Feststoffkonzentration. Für Untersuchungen zur Eindampfung von Vollmilch und entrahmter Milch wird die Viskosität für das Konzentrat der entrahmten Milch (400 g Feststoff pro kg Milch) mit 9 $Pa\,s$ angegeben, für Vollmilch mit gleichem Feststoffgehalt wird von einer dynamische Viskosität von 6,4 $Pa\,s$ berichtet [Jebson et al., 1997]. Von Jebson werden für diese Viskositäten Prandtl-Zahlen von $Pr = 104$ für entrahmte Milch und $Pr = 73$ für Vollmilch berechnet.

Das Viskositäts- und Oberflächenspannungsverhalten von reinen und technischen Saccharoselösungen untersuchte Schmidt [Schmidt, 2000]. Messungen an einem in der Praxis eingesetzten Fallfilmverdampfer zeigten, dass je nach Verdampferstufe Viskositäten von bis zu 0,019 $Pa\,s$ erreicht werden. Dies entspricht hier einer Prandtl-Zahl von $Pr = 90$ [Schmidt, 2000].

Ein weiteres Anwendungsgebiet ist in der Eindampfung von Schwarzlauge zu finden, einem Nebenprodukt in der Zelluloseherstellung. Wie Chen berichtet ist die Kontaktzeit der Schwarzlauge mit der heißen Wand ein entscheidender Faktor, um die Bildung von Foulingschichten zu kontrollieren. Aufgrund der inversen Löslichkeit der in der Schwarzlauge enthaltenen Salze kommt der Temperatureinfluss auf das Fouling hinzu. Daher bietet sich die Verwendung der Fallfilmverdampfer an. Die Eigenschaften von Schwarzlauge sind dabei stark vom Feststoffgehalt abhängig. Bei Feststoffkonzentrationen von 35 ... 45% treten bereits Prandtl-Zahlen von $15 < Pr < 33$ auf [Chen, 2004].

Johansson et al. untersuchten die Fallfilmverdampfung von Schwarzlauge und nutzten die Lösungen einer Weichholzverarbeitung. Die auftretenden Feststoffkonzentrationen lagen bei 28 ... 54%, die gemessenen Viskositäten betrugen $0{,}00065 \leq \eta \leq 0{,}079$ $Pa\,s$ [Johansson et al., 2006].

2.2 Fluiddynamik der Fallfilmverdampfung

Ein Baustein zum Verständnis der Vorgänge in Fallfilmverdampfern ist die Untersuchung der Fluiddynamik des Rieselfilms. Die Fluiddynamik beeinflusst sowohl den Wärmeübergang als auch den Stoffübergang stark. Im Gegensatz zur Fluiddynamik in vollständig gefluteten Rohren liegt bei Rieselfilmen eine freie Oberfläche an der Phasengrenzfläche vor. Dies führt dazu, dass eine Vielzahl an Parametern zur Beschreibung von Rieselfilmen herangezogen werden, die in einem vollständig gefluteten Rohr nicht auftreten. Unter anderen führt Al-Sibai [Al-Sibai, 2004] folgende wichtige charakterisierende Filmparameter als abhängige Größen auf: die Wellenlänge a, die Wellengeschwindigkeit u_W, die Wellenfrequenz, die mittlere Filmdicke δ_m, die minimale Filmdicke δ_{min}, sowie die maximale Filmdicke δ_{max}, vgl. Abb. 2.3.

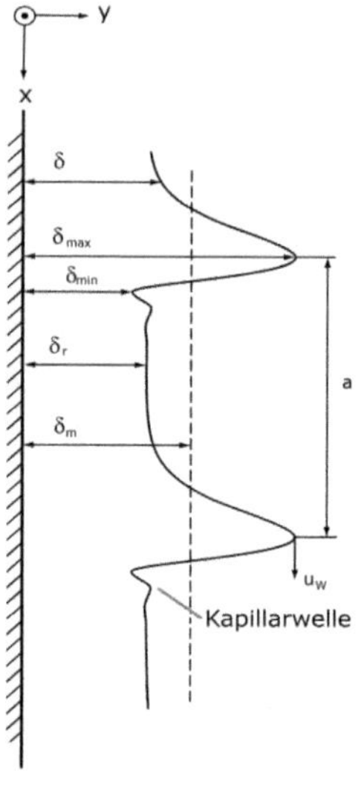

Abbildung 2.3: Schematische Darstellung wichtiger Filmparameter an der senkrechten Wand, vgl. [Al-Sibai, 2004]

Hinzu kommt die Filmbreite für die Untersuchung der Strömungsverhältnisse an geneigten und senkrechten Platten. Diese Größen verändern sich mit steigender Flüssigkeitsbeaufschlagung der berieselten Oberfläche, welche auch in der Berieselungsdichte dargestellt wird:

$$\dot{\Gamma} = \begin{cases} \frac{\dot{m}}{U} & \text{bei der Berieselung von Rohren} \\ \frac{\dot{m}}{w} & \text{bei der Berieselung von Platten} \end{cases} \tag{2.1}$$

2.2.1 Charakterisierung des Rieselfilms

Bei sehr niedrigen Berieselungsdichten ist der Film, der sich an der senkrechten Oberfläche ausbildet, glatt und wellenfrei. Dieser Zustand wurde von W. Nusselt [Nusselt, 1916] mathematisch beschrieben. Im technischen Bereich ist ein völlig glatter Film von sehr niedriger Relevanz, da bei niedrigen Berieselungsdichten der Film aufreißen kann. So beschreibt bereits Jackson [Jackson, 1955], dass für die Kalibrierung der Messeinrichtung ein wellenfreier Film erzeugt werden sollte. Eine sichere, einheitliche Benetzung war jedoch bei den hierfür nötigen Berieselungsdichten nur bei hohen Viskositäten möglich. Tritt jedoch im industriellen Betrieb ein Filmaufriss auf und bilden sich trockene Stellen an der beheizten Wand, kommt es zu Überhitzungen an diesen Stellen. Dies führt zu Produktschädigungen und Verkrustungen durch Kristallisation von Produktbestandteilen. Diese Effekte sind für den Betrieb eines Fallfilmverdampfers unbedingt zu vermeiden.

Wird die Berieselungsdichte gesteigert, bilden sich an der Filmoberfläche sinusförmige Wellen aus. Für ein außen berieseltes Rohr beobachtete Brauer [Brauer, 1956], dass sich in diesem Bereich die Wellen ringförmig um das Rohr schließen. Horizontale Wellenfronten bilden sich aus, deren Abstand sich über die Lauflänge nicht verändert. In diesem Bereich wird der Film als zweidimensional bezeichnet [Al-Sibai, 2004; Fulford, 1964].

Danach wird das Strömungsbild geprägt von V-förmigen Wellen und verzerrten Wellenfronten, die sich mit unterschiedlichen Wellengeschwindigkeiten fortsetzen und nicht mehr periodisch sind. Ebenfalls ist zu beobachten, dass bei weiter steigendem Massenstrom zunächst Schwallwellen auftreten, sich verschiedene Wellen überholen und sich vor größeren Wellen kleinere Kapillarwellen bilden [Brauer, 1956]. Im Folgenden treten Unruhepunkte auf, die Filmoberfläche wird aufgeraut und der Film wird turbulent.

Für sehr große Berieselungsdichten zeigte Karapantsios, dass die chaotische Charakteristik von Filmdickenschwankungen gegenüber niedrigen Reynolds-Zahlen deutlich verstärkt ist. Die Auflösung von großen und kleinen Wellen in den Messungen ist deutlich erschwert [Karapantsios et al., 1989].

Die Unterteilung der verschiedenen Strömungsbereiche ist Gegenstand zahlreicher Forschungsarbeiten. Verwendet werden dazu dimensionslose Kennzahlen, vornehmlich die Reynolds-Zahl

$$Re = \frac{\dot{m}}{U \cdot \eta} \tag{2.2}$$

sowie zur Berücksichtigung der Oberflächenspannung die Kapitza-Zahl Ka, bzw. Filmkennzahl K_F

$$Ka = \frac{\eta^4 \cdot g}{\rho \cdot \sigma^3} = \frac{1}{K_F} \tag{2.3}$$

Kirkbride [Kirkbride, 1934] ermittelte die Filmdicken dünner Filme durch die Verwendung einer Messschraube („micrometer“). Beobachtet wurde, dass bereits ab einer Reynolds-Zahl von $Re = 2$ Wellen auftreten, die einen Unterschied zwischen maximaler und mittlerer Filmdicke verursachen [Kirkbride, 1934].

Dukler und Bergelin [Dukler et al., 1952] teilten die Strömungsbereiche nach laminar und turbulent ein mit einem Übergang bei $Re = 270$.

Im Gegensatz dazu fand Brauer [Brauer, 1956], dass der turbulente Strömungsbereich für „gewöhnliche Flüssigkeiten“ [2] bei einer kritischen Reynolds-Zahl von $Re_{krit} = 400$ einsetzt. Erste Wellen werden visuell bei $Re = 4$ beobachtet. Darüber hinaus wird der laminare Bereich in vier Teilbereiche mit folgenden Potenzgesetzen eingeteilt:

[2] [Brauer, 1956, S. 39]

$$Re_{W1} = 0{,}306 \cdot K_F^{\frac{1}{10}} \quad \text{Einsetzen erster Wellen} \tag{2.4}$$

$$Re_{instab} = 0{,}720 \cdot K_F^{\frac{1}{10}} \quad \text{Instabil werden der Wellen} \tag{2.5}$$

$$Re_{W2} = 1{,}35 \cdot K_F^{\frac{1}{10}} \quad \text{Parallel werden der Wellenbergkurven} \tag{2.6}$$

$$Re_{krit} = 35{,}0 \cdot K_F^{\frac{1}{10}} \quad \text{Auftreten von Kapillarwellen} \tag{2.7}$$

Bei diesen Reynolds-Zahlen ändern sich die Filmparameter und die Filmstruktur signifikant wie anhand von der Messungen der maximalen Filmdicke, der Oberflächengeschwindigkeit, der mittleren Filmgeschwindigkeiten sowie durch Frequenzmessungen ermittelt wurde [Brauer, 1956].

Tailby und Portalski [Tailby et al., 1962] teilten die Strömungsbereiche in fünf Bereiche ein, die von laminar-glatt über pseudo-laminar, übergehend und pseudo-turbulent zum turbulenten Strömungsbereich führen und von Salazar [Salazar et al., 1978] durch die statistische Auswertung der Filmdicke bestätigt wurden. Die Strömungsbereiche wurden anhand von Beobachtungen des Beginns der Welligkeit über die Lauflänge ermittelt. Die Aufteilung der Strömungsbereiche anhand der Reynolds-Zahl kann für Wasser aus der graphischen Auftragung abgelesen werden. Der Übergang von laminar-glatter Strömung zur pseudo-laminaren Strömung wird bei einer Reynolds-Zahl von $Re \approx 6$ beobachtet, der Übergangsbereich beginnt bei einer Reynolds-Zahl von $Re \approx 87$. Für den Beginn des pseudo-turbulenten Bereiches wird eine kritische Reynolds-Zahl von $Re \approx 380$ beobachtet und der Anfang der turbulenten Strömung zeigt sich bei $Re \approx 525$. Bei steigender Viskosität ergibt sich eine Verschiebung der kritischen Reynolds-Zahlen [Tailby et al., 1962].

Ebenfalls unter Einsatz einer Kontaktnadel beobachteten Ishigai et al. [Ishigai et al., 1972], dass unterhalb einer Reynolds-Zahl von

$$Re \leq 0{,}47 \cdot K_F^{\frac{1}{10}} \tag{2.8}$$

der Flüssigkeitsfilm laminar-glatt vorliegt. Weitere Bereiche teilten Ishigai et al. ein in

$$0{,}47 \cdot K_F^{\frac{1}{10}} \leq Re = 2{,}2 \cdot K_f^{\frac{1}{10}} \quad \text{erster Übergangsbereich} \tag{2.9}$$

$$2{,}2 \cdot K_F^{\frac{1}{10}} \leq Re = 75 \quad \text{stabil-welliger Bereich} \tag{2.10}$$

$$75 \leq Re = 400 \quad \text{zweiter Übergangsbereich} \tag{2.11}$$

Über einer Reynolds-Zahl von $Re = 400$ wird die Strömung als turbulent beschrieben. [Ishigai et al., 1972]

Durch Messungen mit Particle-Image-Velocimetry (PIV), Fluoreszenz-Intensitäts-Messung und visuellen Beobachtungen kam Al-Sibai [Al-Sibai, 2004] für Silikonöle zu charakteristischen Reynolds-Zahlen im Film von:

$$Re_1 = 0{,}6 \cdot K_F^{0{,}1} \qquad \text{Grenze des wellenfreien Films} \tag{2.12}$$

$$Re_2 = 1{,}0 \cdot K_F^{0{,}1} \qquad \text{Grenze der sinusförmigen Wellen} \tag{2.13}$$

$$Re_{3a} = 25 \cdot K_F^{0{,}09} \qquad \text{Grenze des laminar-welligen Strömungszustandes a} \tag{2.14}$$

$$Re_{3b} = 32 \cdot K_F^{0{,}1} \qquad \text{Grenze des laminar-welligen Strömungszustandes b} \tag{2.15}$$

$$Re_4 = 192 \cdot K_F^{0{,}06} \qquad \text{Beginn des turbulenten Strömungszustandes} \tag{2.16}$$

Die Grenze des laminar-welligen Strömungszustands wurde über zwei unterschiedliche Parameter bestimmt, der Standardabweichung der mittleren Filmdicke sowie dem Auftreten eines Residualfilmes (glatter Bereich zwischen den Wellen) [Al-Sibai, 2004].

Der Vergleich der unterschiedlichen Einteilung der Strömungsformen zeigt sehr unterschiedliche Gleichungen im konstanten Faktor, wobei der Einfluss der Filmkennzahl im Allgemeinen sehr ähnlich quantifiziert wird. Die Abweichungen können in den unterschiedlichen Messmethoden und Anlagenkonfigurationen aber auch in den unterschiedlichen Filmparametern begründet sein, auf denen die Einteilung basiert. Die Anlagenparameter wichtiger Arbeiten sind in Tab. 2.1 und 2.2 zusammengefasst.

Die örtlichen Filmparameter sind dabei sowohl von der Reynolds-Zahl abhängig als auch zeitlich veränderlich. Dies macht die analytische Beschreibung schwierig [Brauer, 1956].

In der Literatur wird für die lokalen Filmparameter oftmals eine statistische Betrachtung von Messwerten herangezogen [Telles et al., 1970; Chu et al., 1974; Salazar et al., 1978; Karapantsios et al., 1989].

Für die Beschreibung der mittleren Filmdicke bei laminar-glattem Film hingegen steht die mathematische Herleitung von W. Nusselt [Nusselt, 1916] zur Verfügung. Die Annahme für die mathematische Beschreibung ist, dass keine Schubspannung an der Filmoberfläche übertragen wird. Darüber hinaus werden die Beschleunigungskräfte und der Einfluss der Oberflächenkrümmung bei der Betrachtung des Filmes an einer Rohrinnenwand vernachlässigt. Für die Filmdicke an einer ebenen Platte ergibt sich

$$\delta_m = \left(3 \cdot \frac{\nu^2}{g} \cdot \frac{\dot{\Gamma}}{\eta_F}\right)^{\frac{1}{3}} = \left(3 \cdot \frac{\nu^2}{g}\right)^{\frac{1}{3}} \cdot Re^{\frac{1}{3}} \tag{2.17}$$

Brauer bestätigte diese Gleichung anhand von Schattenaufnahmen bis zu einer Reynolds-Zahl von $Re = 400$. Für den turbulenten Strömungsbereich schlägt Brauer folgende Gleichung vor:

$$\delta_m = Re_{krit}^{-\frac{1}{5}} \cdot \left(3 \cdot \frac{\nu^2}{g}\right)^{\frac{1}{3}} \cdot Re^{\frac{8}{15}} \tag{2.18}$$

mit $Re_{krit} = 400$ [Brauer, 1956].

Tabelle 2.1: Zusammenfassung wichtiger Anlagenparameter der Literatur zur Fluiddynamik von Rieselfilmen I

Autor	Reynolds-Zahl	Medium	Versuchsanlage	Film-position	Filmaufgabe
[Kirkbride, 1934]	0,04 ... 2000	Wasser, Öl	Rohr Glas $l_{max} = 0{,}76\ m$	außen	
[Dukler et al., 1952]	120 ... 693	Wasser	Platte Edelstahl $l_{max} = 2{,}4\ m$		Leitblech
[Jackson, 1955]	1 ... 1148	Wasser, Methanol, Ethylacetat, Isopropanol, Glycerin-Lösung	Rohr Glas	innen	Glattwehr
[Brauer, 1956]	2 ... 2000	Wasser, Diethylen-glykol/Wasser	Rohr [3] Messing $l_{max} = 1{,}8\ m$	außen	Ringspalt
[Feind, 1960]	10 ... 2000	Wasser, Diethylen-glykol/Wasser	Rohr Messing $l_{max} = 2{,}5\ m$	innen	Ringspalt
[Telles et al., 1970]	234 ... 1438	Wasser	Rechteckkanal Plexiglas $l_{max} = 5{,}5\ m$	gegenüber liegende Flächen	

[3] teilweise konisch

Tabelle 2.2: Zusammenfassung wichtiger Anlagenparameter der Literatur zur Fluiddynamik von Rieselfilmen II

Autor	Reynolds-Zahl	Medium	Versuchsanlage	Film-position	Filmaufgabe
[Ishigai et al., 1972]	12 ... 1000	Wasser, Diethylenglykol/ Wasser	Rohr Messing $l_{max} = 2\ m$	außen	Ringspalt
[Chu et al., 1974]	52 ... 1890	Wasser,	Rohr Plexiglas $l_{max} = 4{,}25\ m$ [4]	innen	Ringspalt
[Salazar et al., 1978]	36 ... 1008	Wasser	Platte Plexiglas $l_{max} = 0{,}155\ m$		
[Takahama et al., 1980]	200 ... 2000	Wasser	Rohr $l_{max} = 2{,}0\ m$	außen	Ringspalt
[Karapantsios et al., 1989]	127 ... 3273	Wasser	Rohr Plexiglas $l_{max} = 2{,}8\ m$ [5]	innen	Überlauf, angeschrägt
[Ye et al., 2002]	200 ... 1100	Wasser	Rohr Plexiglas $l_{max} = 1{,}1\ m$	außen	Ringspalt mit Drahtnetz
[Al-Sibai, 2004]	4 ... 700	Wasser, Silikonöle	Platte Plexiglas/ Konstantanfolie $l_{max} = 1{,}6\ m$		Spaltaufgabe

[4] zusammengesetzt
[5] zusammengesetzt

Feind [Feind, 1960] zeigte, dass bei steigender Viskosität die Abweichung der mittleren Filmdicke im Vergleich zu Gl. 2.17 zunimmt, dass jedoch durch die Messung am Rohr die Veränderung vernachlässigbar ist. Für den turbulenten Strömungsbereich wird die Abhängigkeit der mittleren Filmdicke beschrieben zu

$$\delta_m = 0{,}369 \cdot \left(3 \cdot \frac{\nu^2}{g}\right)^{\frac{1}{3}} \cdot Re^{\frac{1}{2}} \tag{2.19}$$

Braun [Braun, 1969] hingegen fand für Reynolds-Zahlen von $100 \leq Re \leq 420$, dass die mittlere Filmdicke 7 % niedriger liegt als für den laminar-glatten Film von Nusselt. Dies entspricht der Abweichung, die Kapitza [Kapitza et al., 1948, in Braun, 1969] aufgrund sinusförmiger Welligkeiten erwartete. Die mittlere Filmdicke des laminar-welligen Filmes lässt sich demnach beschreiben durch

$$\delta_m = \left(2{,}4 \cdot \frac{\nu^2}{g}\right)^{\frac{1}{3}} \cdot Re^{\frac{1}{3}} \tag{2.20}$$

Für die mittlere Filmdicke im turbulenten Bereich sind weitere Gleichungen nach dem Aufbau

$$\delta_m = m \cdot \left(\frac{\nu^2}{g}\right)^{\frac{1}{3}} \cdot Re^{n} \tag{2.21}$$

bekannt. Die Konstanten m und n sind zusammen mit den bereits vorgestellten in Tabelle 2.3 zusammengestellt, eine graphische Darstellung ist in Abb. 2.4 zu sehen. Weitergehende Zusammenfassungen zur Fluiddynamik von Rieselfilmen sind bei Coulon [Coulon, 1971] und Helbig [Helbig, 2007] dargestellt.

Tabelle 2.3: Parameter zur Berechnung der mittleren Filmdicke im turbulenten Strömungsbereich

Autor	m	n
[Brauer, 1956]	$Re_{krit}^{-\frac{1}{5}} \cdot 1{,}44$	$\frac{8}{15}$
[Feind, 1960]	0,515	$\frac{1}{2}$
[Takahama et al., 1980]	0,473	0,526
[Mudawwar et al., 1986]	0,324	0,580
[Ye et al., 2002]	0,588	0,498

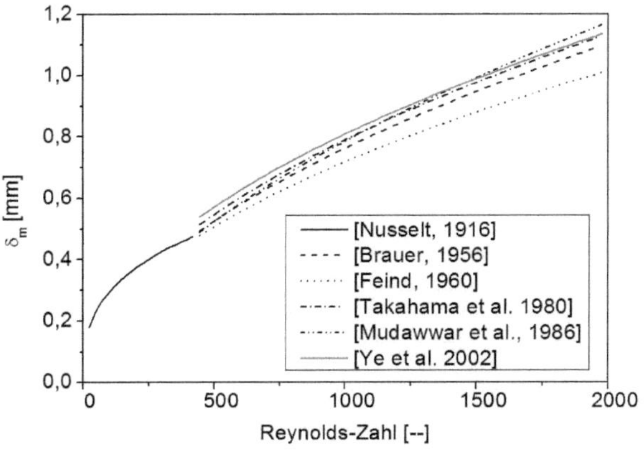

Abbildung 2.4: Berechnete mittlere Filmdicken für Wasser bei 25 $°C$ nach Gleichungen 2.17 und 2.21 mit Parametern nach Tabelle 2.3

2.2.2 Fluiddynamik an innen berieselten Rohren

Zur Fluiddynamik wurden diverse Messungen an innen berieselten Rohren durchgeführt, von denen eine Auswahl im Folgenden dargestellt wird.

Bereits 1941 führten Friedman und Miller [Friedman et al., 1941] Messungen an einem innen berieselten Rohr durch und berichteten über eine gute Übereinstimmung der gemessenen mittleren Filmdicke mit früheren Arbeiten an anderen Geometrien bei Reynolds-Zahlen von Re $<$ 250. Das Auftreten eines pseudo-laminaren Strömungsbereiches konnte nicht auf den Rohrdurchmesser zurück geführt werden [Friedman et al., 1941].

Die Oberflächengeschwindigkeiten von Rieselfilmen an einem innen berieselten Rohr untersuchten Braun, Eckstein und Hiby 1971 [Braun et al., 1971] mit Hilfe der Absorption von Salzsäure in verdünnter Natronlauge. Durch die Zugabe eines Fluoreszenz-Indikators wurden Orte mit frischer, nicht neutralisierter Flüssigkeit sichtbar gemacht. Festgestellt werden konnte, dass die Messergebnisse gut mit denen von Portalski [Portalski, 1964] übereinstimmen, in den Geschwindigkeitswerten jedoch von denen nach Brauer abweichen. Dies wird hauptsächlich auf die Messmethode zurück geführt. Schwallfronten, die sich um den gesamten Rohrumfang schließen, werden im Gegensatz zu Brauer [Brauer, 1956] nicht beobachtet. Eine Begründung hierfür wird im Rohrdurchmesser und in der Filmposition auf der Innenseite gesehen [Braun et al., 1971].

Die Fluiddynamik von Rieselfilmen bei hohen Reynolds-Zahlen ($127 \leq Re \leq 3273$) untersuchten Karapantsios et al. [Karapantsios et al., 1989]. Die Experimente wurden mit Wasser in einem innen berieselten Plexiglasrohr durchgeführt. Der Abstand der Messsonde (Parallel-Draht Leitfähigkeitssonde) vom Einlauf betrug $l = 2{,}5m$, was ausgehend von den Untersuchungen von Takahama und Kato [Takahama et al., 1980] als ausreichende Entfernung angesehen wurde, um eine nahezu voll ausgebildete Wellenstruktur bei niedrig viskosem Medium zu erhalten. Für die mittlere Filmdicke fanden Karapantsios et al. eine gute Übereinstimmung bei hohen Reynolds-Zahlen mit den Daten von Brauer [Brauer, 1956], Jackson [Jackson, 1955], Belkin [Belkin et al., 1959], Portalski [Portalski, 1963] sowie Dukler und Bergelin [Dukler et al., 1952]. Für den turbulenten Film untersuchten Karapantsios et al. [Karapantsios et al., 1989] darüber hinaus diverse statistische Kennzahlen der lokalen Filmdicke. Gezeigt wird, dass die Standardabweichung der lokalen Filmdicke bis zu einer Reynolds-Zahl von $Re = 1250$ linear mit der Reynolds-Zahl zunimmt. Bei weiter steigender Reynolds-Zahl flacht die Kurve ab [Karapantsios et al., 1989].

Die Betrachtung der minimalen und maximalen Filmdicke zeigt, dass die maximale Filmdicke mit steigender Reynolds-Zahl kontinuierlich zunimmt. Dabei ist ein Abflachen der Kurve über $Re = 1250$ zu erkennen. Die Werte für die minimale Filmdicke hingegen verlaufen nahezu konstant. Von einer Vergrößerung der Oberfläche durch große Wellen ist nicht auszugehen. Berechnungen unter Verwendung der mittleren Filmgeschwindigkeit zeigen eine Oberflächenvergrößerung von 0,1 ... 0,2 % relativ zur mittleren Filmdicke [Karapantsios et al., 1989].

Untersuchungen zur Fluiddynamik dreidimensionaler Wellen in laminaren Fallfilmen führten Adomeit und Renz [Adomeit et al., 2000] durch. Für die Messung kamen zwei unterschiedliche Rohre zum Einsatz, zur Messung der Filmgeschwindigkeit mittels Particle-Image Velocimetry (PIV) eines mit einem Innendurchmesser von $d_i = 46\ mm$ und zur Messung durch eine Fluoreszenz-Intensitäts-Methode eines mit $d_i = 54\ mm$. Unterschiede in der Wellenstruktur im Vergleich zu Vorversuchen mit kleineren Innendurchmessern konnten nicht beobachtet werden [Adomeit et al., 2000].

Meza und Balakotaiah [Meza et al., 2008] untersuchten den Einfluss der Berieselungsdichte und der Viskosität des Mediums auf die maximale Filmdicke von Rieselfilmen an einem innen berieselten Rohr. Dabei wurden Viskositäten von $0{,}001 < \eta < 0{,}25\ Pa\,s$ abgedeckt. Die Art der Filmaufgabe ist nicht angegeben. Die Ergebnisse zeigen, dass für hohe Viskositäten die maximale Filmdicke das dreifache der nach Nusselt berechneten Filmdicke des glatten Filmes erreichen kann. Für niedrigere Viskositäten ist eine höhere Dynamik der Wellen zu beobachten und das Verhältnis von maximaler Filmdicke zur Filmdicke des glatten Filmes nach Nusselt kann auf 10 steigen [Meza et al., 2008].

2.2.3 Fluiddynamischer Einlauf

Die bisher beschriebenen Gleichungen und Einteilungen gelten für integrale Werte über die Lauflänge oder für lokale Werte bei voll ausgebildeter Strömung. Die voll ausgebildete Strömung tritt jedoch erst nach einer fluiddynamischen Einlaufzone auf. Wichtige Literaturstellen, die diese Zone untersuchen, seien im Folgenden vorgestellt.

Den Beginn der Wellenbildung von Wasser-, Ethylacetat-, Methanol- und Isopropanolfilmen sowie Filmen aus Wasser-Glyzerin-Gemischen beobachtete Jackson [Jackson, 1955] und konnte zeigen, dass eine Einlaufstrecke benötigt wird, um die Wellenbewegung zu etablieren. Diese Einlaufstrecke ist nach Jackson linear abhängig von der Berieselungsdichte und steigt mit der Viskosität an. Für vier Messpositionen entlang der Lauflänge wurde jeweils die Reynolds-Zahl angegeben, bei der die Wellenbildung in diesem Abstand zur Filmaufgabe beginnt. Der Film wurde an einem innen berieselten Glasrohr ausgebildet, die Filmaufgabe erfolgte durch ein Glattwehr [Jackson, 1955].

Brauer [Brauer, 1956] beobachtete, dass die Filmstruktur über die Lauflänge eines Fallfilms nicht konstant bleibt. So zeigte sich schon bei der visuellen Beobachtung, dass sich bei sehr niedrigen Reynolds-Zahlen die ersten Wellen ca. $l = 0{,}1\ m$ unter der Filmaufgabe bildeten. Bei höheren Reynolds-Zahlen konnte eine Verzerrung der sich bildenden Wellenfronten in einem Abstand von $l = 0{,}2 \ldots 0{,}3\ m$ vom Ringspalt beobachtet werden. Weiterhin beobachtete Brauer [Brauer, 1956], dass auch die maximale Filmdicke und die minimale Filmdicke in Abhängigkeit von der Film-Lauflänge veränderlich sind. Berücksichtigt werden muss dabei, dass sich die verwendete Anlage aus einem oberen, zylindrischen Teil ($l = 0{,}5\ m$) und einem unteren, konischen Teil ($l = 1{,}3\ m$) zusammen setzte. Ein konstanter Wert für die maximale Filmdicke wurde nicht erreicht, die minimale Filmdicke (Restfilmdicke) entwickelte sich innerhalb von $l \approx 0{,}3\ m$ und erreichte dann einen von der Reynolds-Zahl unabhängigen Wert[Brauer, 1956].

An einem außen berieselten Rohr beobachtete Struve [Struve, 1969], dass es zu einer glatten Einlaufstrecke kommt, die er mit Hilfe eines Maßstabes beurteilte. Die Ergebnisse zeigten, dass eine Abhängigkeit sowohl von der Flüssigkeitsbelastung als auch von der Spaltweite der Filmaufgabe (Ringspalt) zu beobachten war, siehe Abb. 2.5. Die Länge der glatten Einlaufstrecke beträgt bis zu $l = 0{,}17\ m$ [Struve, 1969].

Woronzow [Woronzow, 1971] untersuchte 1971 die Länge der glatten Einlaufstrecke in Abhängigkeit von der Filmaufgabe. Diese war ausgeführt als Ringspalt, innerhalb dessen Flüssigkeit aus mehreren Öffnungen auf die Innenfläche eines Rohres aufgespritzt wurde und sich dort verteilte. Variiert wurde der Winkel zur Senkrechten, mit der die Flüssigkeitsstrahlen als Flüssigkeitsaufgabe austraten, bzw. der Drehwinkel bei horizontalen Strahlen. Die Messungen wurden mittels fotografischer Aufnahmen vorgenommen. Die Anlaufstrecke wurde definiert als „der Abstand der Stelle, an der die ersten regulären Störungen im Rieselfilm auftreten und Wellen hervorrufen, von der Stelle, an der die Flüssigkeitsstrahlen die Rieselfläche treffen“ [6]. Beobachtet wurde, dass die Länge der Einlaufstrecke schwankt. Nur bei einem Auftreffwinkel wird eine Abhängigkeit der Einlauflänge von der Reynolds-Zahl beobachtet, bei verschiedenen Drehwinkeln ist dies bei drei von vier Winkeln der Fall [Woronzow, 1971].

[6] Woronzow, 1971, S. 728

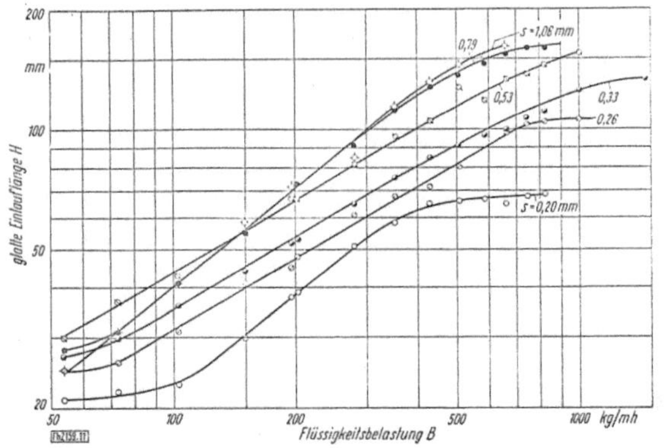

Abbildung 2.5: Einfluss der Spaltweite der Filmaufgabe bei steigender Berieselungsdichte auf den fluiddynamischen Einlauf [Struve, 1969]

Braun, Eckstein und Hiby [Braun et al., 1971] konnten über die Lauflänge hinweg eine Abnahme der mittleren Oberflächengeschwindigkeit ermitteln. Die Amplitude der Schwallfronten blieb nach einem Meter konstant. Gleiches gilt für die mittlere Filmdicke und die mittlere Filmgeschwindigkeit [Braun et al., 1971].

Auch Portalksi und Clegg [Portalski et al., 1972] untersuchten 1972 den Anfang der Welligkeit in Fallfilmen. Gemessen wurden die lokale Filmdicke durch eine Lichtabsorptionsmethode sowie die beginnende Wellenbewegung durch Fotografie. Die Messungen zeigen, dass die mittlere Filmdicke nach dem ersten Auftreten der Wellen leicht ansteigt. Eine klar abgrenzbare Länge des glatten Filmes ist nicht erkennbar, der Beginn der Welligkeit ist ein gradueller Prozess. Nach Auftreten der ersten Wellen ist der Film nicht voll ausgebildet. Der genaue Anlagenaufbau ist in der vorliegenden Veröffentlichung nicht beschrieben [Portalski et al., 1972].

Basierend auf Messungen der mittleren Filmdicke, der maximalen Filmdicke und der minimalen Filmdicke durch eine Nadelsonde und eine Kapazitätsmessung an einem außen berieselten Rohr mit Wasser kamen Takahama und Kato [Takahama et al., 1980] zu dem Ergebnis, dass die kritische Reynolds-Zahl für den Umschlag vom laminaren Strömungsbereich zu turbulenter Strömung in Abständen von $l < 900\ mm$ von der Filmaufgabe, einem Ringspalt, konstant bleibt. Zwischen $l = 900\ mm$ und $l = 1300\ mm$ nimmt die kritische Reynolds-Zahl ab. Die maximale Filmdicke und damit die Wellenamplitude nimmt mit steigender Lauflänge zu [Takahama et al., 1980].

Weiterhin berichten Brauner und Maron [Brauner et al., 1982] über den Beginn der Welligkeit im Abstand von der Filmaufgabe bei geneigten dünnen Filmen. Gemessen wurde dabei an einer geneigten Platte mit einer Breite von $w = 0{,}63\ m$ und einer Länge von $l = 1{,}20\ m$. Ein kontinuierlicher wässriger Film wurde über einen glatten Überlauf erzeugt. Die lokale Filmdicke wurde über ein Kapazitätsmessverfahren ermittelt.

Gezeigt wurde, dass Fluktuationen im Wärmeübergang insbesondere im laminaren Bereich direkt Periodizitäten in der Fluiddynamik zugeordnet werden können. Darüber hinaus wird ein nahezu wellenfreier Einlaufbereich beobachtet. Die Länge dieses Bereiches wird in Abhängigkeit von der Reynolds-Zahl und der mittleren Filmdicke beschrieben, siehe Gleichungen 2.22 und 2.23. Die Einlauflänge wird von der Filmaufgabe und allen Größen beeinflusst, die auch Auswirkungen auf die Filmstruktur des gesamten Fallfilms haben [Brauner et al., 1982].

$$l_{EB} = 500 \cdot \delta_\infty, Re_F < 125 \tag{2.22}$$

$$l_{EB} = (350 + 0{,}12 \cdot Re_f) \cdot \delta_\infty, Re_F > 125 \tag{2.23}$$

Schattenbilder des glatten Einlaufbereiches zeigten Park et al. [Park et al., 2004] für Wasser an der Innenseite eines Glasrohres mit einem Innendurchmesser von $d = 0{,}0096\ m$. Verteilt wurde das Wasser durch Kapillaren, die an der Rohrinnenwand befestigt waren. Ohne eine künstliche Wellenerzeugung sind bei niedrigen Reynolds-Zahlen keine Wellen im Einlaufbereich erkennbar. Der glatte Einlaufbereich wurde definiert als die Strecke von der Filmaufgabe bis zur ersten Wellenbildung. Der glatte Einlaufbereich verlängerte sich von ca. $l = 0{,}05\ m$ bei der niedrigsten Reynolds-Zahl auf bis zu $l = 0{,}20 ... 0{,}35\ m$ bei Reynolds-Zahlen von Re $\approx$ 400, nahm dann jedoch wieder ab. Verglichen mit Woronzow [Woronzow, 1971] wurde ebenfalls eine starke Schwankung der Einlauflänge beobachtet [Park et al., 2004].

2.3 Wärmeübergang bei der Fallfilmverdampfung

Im Folgenden werden die wichtigsten Arbeiten und Korrelationen zum Wärmeübergang bei der Verdampfung aus Fallfilmen an senkrechten Wänden vorgestellt. Durch die starke Kopplung von Wärmeübergang und Fluiddynamik wird für die meisten Korrelationen auf die Einteilung der Strömungsbereiche zurückgegriffen, die in Kap. 2.2 vorgestellt wurden.

Für die Verdampfung von Fallfilmen existiert in der Literatur eine Vielzahl an Korrelationen, mit denen sich der Wärmeübergang berechnen lässt. Diese beruhen meist auf experimentellen Daten. Dabei wurden sehr unterschiedliche Versuchsbedingungen, Anlagenkonfigurationen, Versuchsmedien und Messeinrichtungen verwendet. Eine Übersicht über die wichtigsten Versuchskonfigurationen bei der Reinstoffverdampfung in der Literatur ist in Tab. 2.4 gegeben, Siedetemperaturen, Oberflächenspannungen und Dampfdrücke sind in Tabelle C.1 im Anhang C zusammengefasst. Eine ähnliche Zusammenstellung bis 1984 ist bei Schulze zu finden [Schulze, 1984].

Die relevanten Siedemechanismen in der Fallfilmverdampfung sind das Blasensieden und das Oberflächensieden, die je nach Temperaturdifferenz zwischen Wand und Film auftreten. Dabei wird dem Blasensieden eine geringe praktische Bedeutung zugeschrieben, da es durch die Blasenbildung zu lokalem Fouling und zu Filminstabilitäten bis zum Filmaufriss kommen kann [Schulze, 1984]. Untersuchungen von Weise [Weise, 2007] zeigten, dass bei einer vollständigen Benetzung der Oberfläche eine Verbesserung des Wärmeübergangs bis zum Faktor zwei möglich ist, ohne dass Filminstabilitäten auftreten.

Im Falle des Oberflächensiedens entstehen keine Dampfblasen, die Wärme wird durch Leitung und Konvektion an die Filmoberfläche transportiert, wo die Verdampfung stattfindet. Dieser Verdampfungsmechanismus ist Gegenstand der aktuellen Arbeit.

Als dimensionslose Kennzahl des Wärmeübergangs dient für die Fallfilmverdampfung die Nusselt-Zahl in der Form

$$Nu = \frac{\alpha}{\lambda} \cdot \left(\frac{\nu_F^2}{g}\right)^{1/3} . \tag{2.24}$$

Dabei wird als charakteristische Länge der Ausdruck $\left(\frac{\nu_F^2}{g}\right)^{1/3}$ verwendet, da weder die Rohrlänge noch der Rohrdurchmesser aufgrund der Rieselfilmcharakteristik geeignet sind und die Filmdicke von der Berieselungsdichte und damit dem Strömungszustand abhängt. Im Folgenden werden Korrelationen, die andere Definitionen verwenden, auf diese Definition umgeformt. Der Einfluss der Viskosität wird durch die Prandtl-Zahl berücksichtigt:

$$Pr = \frac{\eta \cdot c_p}{\lambda} . \tag{2.25}$$

Typisch für die Fallfilmverdampfung ist, dass die Nusselt-Zahl beginnend bei niedrigen Reynolds-Zahlen im laminaren Strömungsbereich durch die steigende Filmdicke zunächst absinkt. Im Übergangsbereich durchläuft die Nusselt-Zahl ein Minimum und steigt im turbulenten Strömungsbereich wieder an.

Haase [Haase, 1966; Haase, 1970] untersuchte den Wärmeübergang bei der Verdampfung von Wasser bei Pr = 1,74 und variierte die Grundrauhtiefe des verwendeten Kupferrohres zwischen $2 \leq R3z \leq 12\ \mu m$. Im Bereich der Oberflächenverdampfung ermittelte er für den mittleren Wärmeübergang im turbulenten Strömungsbereich

$$Nu_t = 0{,}0154 \cdot Re^{0{,}323} \tag{2.26}$$

unabhängig von der Oberflächenbeschaffenheit und von der Wärmestromdichte.

Tabelle 2.4: Zusammenfassung wichtiger Anlagenparameter der vorgestellten Korrelationen zur Berechnung des Wärmeübergangs bei der Fallfilmverdampfung I

Autor	Reynolds-Zahl	Prandtl-Zahl	Medium	Versuchs-anlage	Film-position	Filmaufgabe	Beheizung
[Haase, 1966; Haase, 1970]	550 ... 1800	1,74	Wasser	Rohr Kupfer $l_{max} = 1{,}8\ m$	außen	Ringspalt	elektrisch
[Struve, 1969]	20 ... 2000	4,12	R11	Rohr Messing $l_{max} = 1{,}25\ m$	außen	Ringspalt	elektrisch
[Elle, 1970]	5 ... 1400	4,05 ... 53	R11, 51KM33 [7]	Rohr Messing $l_{max} = 0{,}98\ m$	außen	Kronenkranz	elektrisch
[Chun et al., 1971]	80 ... 5300	1,77 ... 5,7	Wasser	Rohr Edelstahl $l_{max} = 1{,}25\ m$	außen	Ringspalt	elektrisch
[Fujita et al., 1978]	200 ... 2500	1,75	Wasser	Rohr Edelstahl $l_{max} = 1{,}25\ m$	außen	poröses Rohr	elektrisch
[Schnabel, 1980]	661 ... 1075	7	Wasser, R113	Platte $l_{max} = 0{,}5\ m$	außen	Filtersteig	elektrisch

[7] Gemisch R11 - Öl, $0 < x < 46$ gew%

Tabelle 2.5: Zusammenfassung wichtiger Anlagenparameter der vorgestellten Korrelationen zur Berechnung des Wärmeübergangs bei der Fallfilmverdampfung II

Autor	Reynolds-Zahl	Prandtl-Zahl	Medium	Versuchsanlage	Filmposition	Filmaufgabe	Beheizung
[Schulze, 1984]	600 ... 2000	1,2 ... 2,9	Wasser	Rohr $l_{max} = 3{,}0\ m$	innen	Vollkegeldüse	Wasserdampf
[Papendieck, 1984]	100 ... 5000	1,75	Wasser	Rohr $l_{max} = 4{,}0\ m$	innen	Prallplatte	Wasserdampf
[Alhusseini, 1995]	9 ... 4000	1,7 ... 48,7	Wasser, Propylenglykol	Rohr Edelstahl $l_{max} = 2{,}8\ m$	außen	Ringspalt	elektrisch
[Weise, 2007]	10 ... 2000	1,7 ... 130	Wasser, Propylenglykol, Cyclohexanol, Monoethylenglykol	Rohr Glas $l_{max} = 1{,}14\ m$	innen	Turmwehr	Wasserdampf, organische Dämpfe

Der Vergleich mit den Ergebnissen von Struve [Struve, 1969] zeigt, dass die Werte von Haase niedrige Nusselt-Zahlen liefern [Schulze, 1984]. Dieser untersuchte die Fallfilmverdampfung des Kältemittels R11 an einem außenberieselten Messingrohr und fand für die voll ausgebildete Strömung im pseudo-laminaren Bereich

$$Nu_l = 0{,}9 \cdot Re^{-0{,}33} \tag{2.27}$$

$$\text{für } Re_W \leq Re \leq Re_Ü \tag{2.28}$$

Für den Übergangsbereich und im turbulenten Strömungsbereich sieht Struve [Struve, 1969] die von Dukler [Dukler et al., 1952; Dukler, 1961; Dukler, 1960, in Struve, 1969] ermittelten Beziehungen bestätigt. Die Reynolds-Zahl der Versuche lag im Bereich von $20 \leq Re \leq 2000$, die Versuche zur Oberflächenverdampfung wurden bei einer Prandtl-Zahl von $Pr = 4{,}3$ durchgeführt. Die Lauflänge des Rieselfilms konnte bis $l = 1{,}25\ m$ variiert werden. Die Ergebnisse werden durch Potenzfunktionen folgendermaßen angenähert:

$$Nu_Ü = 0{,}176 \cdot Re^{0{,}196 - \frac{0{,}844}{Pr+2{,}95}} \qquad \text{für } Re_Ü < Re < Re_{krit} \tag{2.29}$$

$$Nu_t = \left(0{,}152 - \frac{0{,}778}{Pr + 5{,}47}\right) \cdot Re^{0{,}231} \qquad \text{für } Re > Re_{krit}\,. \tag{2.30}$$

Die genauen Grenzen der Gleichungen sind nicht explizit aufgeführt.

Ähnliche Gleichungen werden von Elle [Elle, 1970] vorgeschlagen, denen ebenfalls die Verdampfung des Kältemittels R11 als Reinstoff zugrunde lagen, jedoch bei Prandtl-Zahlen von $Pr = 4{,}05$ und $Pr = 4{,}25$. Verwendet wurde ein außen berieseltes Messingrohr mit einer Länge von $l = 0{,}975\ m$ und einer Filmaufgabe über eine gezackte Wehrkante („Kronenkranz“). Für eine Prandtl-Zahl von $Pr = 4{,}25$ ermittelt Elle

$$Nu_l = 0{,}932 \cdot Re^{-0{,}33} \qquad \text{für } Re < 70 \tag{2.31}$$

$$Nu_{l-w} = 0{,}209 \cdot Re^{0} \qquad \text{für } 100 < Re < 450 \tag{2.32}$$

$$Nu_t = 0{,}16 \cdot Re^{0{,}4} \qquad \text{für } Re > 800 \tag{2.33}$$

Für $Pr = 4{,}05$ sind ähnliche Koeffizienten angegeben, eine Abhängigkeit von der Prandtl-Zahl wird jedoch für die Reinstoffverdampfung nicht beschrieben.

Im Jahr 1971 veröffentlichten Chun und Seban [Chun et al., 1971] ihre Arbeiten zur Verdampfung von Wasser auf der Außenseite eines Edelstahlrohres. Die Wärmeübergangsmessungen beschränkten sich auf die untere Hälfte des $l = 0{,}61\ m$ langen Rohres. Die Beheizung erfolgte elektrisch, der übertragene Wärmestrom wurde aus der durch die elektrische Heizung eingetragenen Energie ermittelt. Chun und Seban [Chun et al., 1971] geben folgende Gleichungen für die Beschreibung der Verdampfung an:

$$Nu_{l-w} = 0{,}821 \cdot (4 \cdot Re)^{-0{,}22} \qquad \text{für } Re < 1450 Pr^{-1{,}06} \tag{2.34}$$

$$Nu_t = 0{,}0038 \cdot (4 \cdot Re)^{0{,}4} \cdot Pr^{0{,}65} \qquad \text{für } Re > 1450 Pr^{-1{,}06} \tag{2.35}$$

Bis dahin war es unüblich, die Gleichungen für den laminaren und den turbulenten Strömungsbereich zu überlagern. Dadurch wurde der Wärmeübergang im Übergangsbereich nur unzureichend beschrieben.

Schnabel [Schnabel et al., 1980; Schnabel, 1980] entwickelte unter Berücksichtigung der Daten von Haase [Haase, 1966], Chun und Seban [Chun et al., 1971], Elle [Elle, 1970], Struve [Struve, 1969] und Fujita [Fujita et al., 1978] sowie eigener Daten die folgenden Gleichungen mit der Überlagerung zur zweiten Potenz:

$$Nu_l = 0{,}9 \cdot Re^{1/3} \qquad \text{für} Re < 800 \tag{2.36}$$

$$Nu_t = 0{,}00622 \cdot Re^{0{,}4} \cdot Pr^{0{,}65} \qquad \text{für} Re > 800 \tag{2.37}$$

$$Nu = \sqrt{Nu_l^2 + Nu_t^2} \tag{2.38}$$

Die Daten von Schnabel [Schnabel, 1980] wurden an einer senkrechten Platte als wärmeübertragende Fläche mit einer berieselten Breite von $w = 0{,}094\ m$ ermittelt. Die Länge der Platte betrug maximal $l = 0{,}5\ m$. Für Gleichung 2.38 wird empfohlen, diese nicht wesentlich über $Pr = 6$ anzuwenden.

In den VDI Wärmeatlas [Schnabel et al., 2006, Abschnitt Md] wurden die Korrelationen von Schnabel und Schlünder [Schnabel et al., 1980; Schnabel, 1980] übernommen. Gegenüber der Arbeit von Schnabel [Schnabel, 1980] wurde der empfohlene Anwendungsbereich bis auf Prandtl-Zahlen von $Pr < 50$ erweitert.

Versuche an einem Fallfilmverdampfer mit glatten und profilierten Rohren realisierte Schulze [Schulze, 1984]. Dabei wurde Wasser mittels einer Vollkegeldüse auf der Innenseite des Versuchsrohrs verteilt. Die glatten Rohre waren aus CuNi 10F gefertigt, zwei profilierte Rohre bestanden aus Messing. Die Ergebnisse für das glatte Rohr beschrieb folgende Gleichung im Messbereich am besten:

$$Nu_t = 0{,}035 \cdot Re^{0{,}22} \cdot Pr^{0{,}65} \tag{2.39}$$

Die Verwendung weiterer Kennzahlen und Kennzahlenkombinationen wie beispielsweise der Péclet-Zahl

$$Pe = Re \cdot Pr = \frac{\dot{\Gamma} \cdot c_p}{\lambda} \tag{2.40}$$

wurde überprüft. Eine wesentliche Verbesserung der Anpassung konnte nicht erzielt werden. Für profilierte Rohre ermittelte Schulze den Zusammenhang

$$Nu_t = 0{,}17 \cdot Re^{0{,}05} \cdot Pr^{0{,}57} \tag{2.41}$$

Über den gesamten Gültigkeitsbereich von 600 < Re < 10000 wird für das profilierte Rohr nur eine sehr geringe Abhängigkeit von der Reynolds-Zahl beobachtet. Angenommen wird, dass eine Quer- oder Sekundärströmung durch Oberflächenspannungseffekte den Wärmeübergang verbessert [Schulze, 1984].

Numrich [Numrich, 1992] überprüfte die Anwendung eines für die Kondensation entwickelten Modells für die Fallfilmverdampfung anhand von Daten von Chun und Seban [Chun et al., 1971] und Papendieck [Papendieck, 1984] und kam zu dem Ergebnis, dass eine gute Übereinstimmung mit folgenden Gleichungen besteht

$$Nu_l = 0{,}554 \cdot Re^{-0{,}22} \tag{2.42}$$

$$Nu_t = 0{,}008663 \cdot Re^{0{,}389} \cdot Pr^{0{,}569} \tag{2.43}$$

$$Nu = \sqrt[4]{Nu_l^4 + Nu_t^4} \tag{2.44}$$

Die Gleichung für den turbulenten Anteil stammt von Blangetti [Blangetti, 1979], der Kondensationsversuche durchführte. Basierend auf Untersuchungen von Papendieck [Papendieck, 1984] zeigte Numrich [Numrich, 1992], dass es bei der Fallfilmverdampfung an innen berieselten Rohren zu einer Verbesserung des Wärmeübergangs kommt, wenn der gebildete, im Gleichstrom geführt Dampf eine ausreichend hohe Reynolds-Zahl erreicht. Papendieck [Papendieck, 1984] konnte für Wasser eine Verbesserung des Wärmeübergangs bei Gas-Reynolds-Zahlen größer $Re\ \frac{w_D \cdot d_i}{\nu_D} = 10000$ beobachten. Für die Kondensation gibt Numrich [Numrich, 1994] zwei Jahre später im turbulenten Bereich unter Einbeziehung der Daten von Kutaledze [Kutaledze, 1963] und Blangetti [Blangetti, 1979] an

$$Nu_t = 0{,}00552 \cdot Re^{0{,}44} \cdot Pr^{0{,}4} \tag{2.45}$$

Einen anderen Ansatz verfolgten Alhusseini et al. [Alhusseini, 1995; Alhusseini et al., 1998; Alhusseini et al., 2000], die für den wellig-laminaren Bereich eine Berechnung durch

$$Nu_{l-w} = 2{,}65 \cdot (4 \cdot Re)^{-0{,}158} \cdot Ka^{0{,}0563} \tag{2.46}$$

erarbeiteten. Mit Berücksichtigung der in der Literatur vorhandenen Modelle für verschiedene Transportmechanismen in dünnen Filmen wurde für den turbulenten Bereich nach Anpassung an Daten für die Verdampfung von Wasser und Propylenglykol ein Gleichungssystem wie folgt vorgestellt

$$Nu_t = \frac{Pr \cdot \delta^{+^{1/3}}}{(A_1 \cdot Pr^{3/4} + A_2 \cdot Pr^{1/2} + A_3 \cdot Pr^{1/4} + C_1) + (B \cdot Ka^{1/2} \cdot Pr^{1/2})} \tag{2.47}$$

mit

$$A_1 = 9{,}17 \tag{2.48}$$

$$A_2 = \frac{0{,}328 \cdot \pi \cdot (130 + \delta^+)}{\delta^+} \tag{2.49}$$

$$A_3 = \frac{0{,}0289 \cdot \left(152100 + 2340 \cdot \delta^+ + 7 \cdot \delta^{+^2}\right)}{\delta^{+^2}} \tag{2.50}$$

$$B = \frac{2{,}51 \cdot 10^6 \cdot \delta^{+^{0,333}} \cdot Ka^{-0,173}}{(4 \cdot Re)^{3,49 \cdot Ka^{0,0675}}} \tag{2.51}$$

$$C_1 = 8{,}82 + 0{,}003 \cdot (4 \cdot Re) \tag{2.52}$$

$$\delta^+ = 0{,}0946\,(4 \cdot Re)^{0,8} \tag{2.53}$$

Alhusseini et al. empfehlen die Überlagerung von laminarem und turbulentem Anteil zur fünften Potenz:

$$Nu = \sqrt[5]{Nu_{l-w}^5 + Nu_t^5} \tag{2.54}$$

Die experimentellen Daten zur Anpassung wurden in einem Fallfilmverdampfer mit einer beheizten Länge von $l = 2{,}8\ m$ gewonnen. Der Film wurde auf der Außenseite des Rohres durch einen Ringspalt erzeugt und elektrisch beheizt. Prandtl-Zahlen von $1{,}7 \leq Pr \leq 47$ wurden abgedeckt [Alhusseini, 1995; Alhusseini et al., 1998; Alhusseini et al., 2000].

Weise [Weise, 2007] untersuchte die Fallfilmverdampfung in einem Einrohr-Fallfilmverdampfer aus Glas. Die Anlage hatte eine beheizte Länge von $l = 1{,}14\ m$ und war mit einem Turmwehr als Filmaufgabe ausgestattet. Als Versuchsmedien dienten Wasser, Monoethylenglykol, Propylenglykol und Cyclohexanol. Der Bereich der untersuchten Prandtl-Zahlen für Reinstoffe wurde mit $1{,}7 \leq Pr \leq 130$ deutlich erweitert. Für Cyclohexanol ($29 \leq Pr \leq 130$), welches bei der Verdampfung mit den höchsten Prandtl-Zahlen eingesetzt wurde, stellte Weise folgende Berechnung der Nusselt-Zahl auf:

$$Nu_{stab,CHEX} = 0{,}38 \cdot Re^{-0,24} \tag{2.55}$$

$$Nu_{instab,CHEX} = 7{,}58 \cdot 10^{-9} \cdot Re^{1,46} \cdot Pr^{2,52} \tag{2.56}$$

$$Nu_{CHEX} = f_w \cdot \sqrt[5]{Nu_{stab}^5 + Nu_{instab}^5} \tag{2.57}$$

mit $f_w = 2{,}15$.
Der Faktor f_w berücksichtigt die anlagenspezifische Welligkeiten. Eine stoffunabhängige Modellierung gelang nicht; für Propylenglykol ($25 < Pr < 45$) wurden folgende empirischen Gleichungen ermittelt

$$Nu_{stab,PG} = 0{,}54 \cdot Re^{-0{,}24} \tag{2.58}$$

$$Nu_{instab,PG} = 7{,}7 \cdot 10^{-4} \cdot Re^{0{,}5} \cdot Pr^{0{,}97} \tag{2.59}$$

$$Nu_{PG} = f_w \cdot \sqrt[5]{Nu_{stab}^5 + Nu_{instab}^5} \tag{2.60}$$

mit $f_w = 2$.

Die Exponenten der beiden Gleichungen besonders im instabilen Strömungsbereich unterscheiden sich sehr deutlich. Gegenüber den Messungen von Alhusseini ist der Wärmeübergang für Propylenglykol in diesem Reynolds-Zahlenbereich deutlich erhöht. Weise führte diese Unterschiede auf eine erhöhte Welligkeit durch das Turmwehr und die Rohrlänge zurück[Weise, 2007].

2.3.1 Wärmeübergang bei innen berieselten Rohren

Die bisher aufgeführten Korrelationen basieren hauptsächlich auf Messdaten aus Fallfilmverdampfern mit einem außen berieselten Rohr. Die für die industrielle Anwendung gebräuchlichere Konfiguration des innen berieselten Rohres wurde für die Messung des Wärmeübergangs nur sporadisch studiert.

Eine theoretische Analyse von ringförmigen Zweiphasenströmungen bei innen berieselten Rohren stellte Kunz [Kunz et al., 1969] vor. Unter anderem wurde die Annahme getroffen, dass der Film achsensymmetrisch und die Grenzfläche zwischen Flüssigkeit und Dampf glatt vorliegt. Die ermittelten Gleichungen wurden numerisch gelöst und für die Fallfilmverdampfung angewendet. Ein Vergleich mit experimentellen Daten wurde hauptsächlich für die Kondensation vorgenommen. Für die mittlere Filmdicke wurden niedrigere Werte ermittelt als nach der Theorie von Nusselt [Nusselt, 1916][Kunz et al., 1969].

Yakubson [Yakubson et al., 1978] untersuchte den Wärmeübergang bei geringen Berieselungsdichten an einem innen berieselten Titanrohr mit einem Durchmesser von $d = 0{,}026\ m$ und einer Länge von $l = 4\ m$. Als verdampfendes Medium wurde Wasser verwendet. Ermittelt wurden zwei Gleichungen für die Nusselt-Zahl:

$$Nu = 0{,}0621 \cdot \bar{Re}^{0{,}55} \tag{2.61}$$

$$Nu = 0{,}0521 \cdot \bar{Re}^{0{,}55} \cdot Pr^{0{,}344} \tag{2.62}$$

$$\bar{Re} = \frac{\bar{\Gamma}^*}{3600 \cdot \eta \cdot g} \tag{2.63}$$

Beide Gleichungen beschreiben die gleichen Messdaten mit unterschiedlicher Berücksichtigung der Prandtl-Zahl.

Chen und Jebson [Chen, 1997] untersuchten verschiedene Einflüsse auf den Wärmeübergang an einem innen berieselten Rohr. Eingesetzt wurde eine Anlage im Pilotmaßstab mit einem dampfbeheizten Rohr mit $d_a = 32\,mm$ Außendurchmesser bei einer Länge von maximal $l = 2\,m$. Als Produktmedien kamen Wasser und Zuckerlösungen zum Einsatz, die Beheizung erfolgte durch Wasserdampfkondensation auf der Rohraußenseite. Untersucht wurde insbesondere der Einfluss der treibenden Temperaturdifferenz, der Verdampfungstemperatur sowie der beheizten Länge. Chen und Jebson [Chen, 1997] berichten, dass es zu einer Abnahme des Wärmedurchgangskoeffizienten mit steigender treibender Temperaturdifferenz kommt, welche jedoch ab einer Temperaturdifferenz von $8\,K$ abflacht. Dies wird beginnendem Blasensieden zugeschrieben. Bei ansteigender Verdampfungstemperatur und damit bei sinkender Viskosität, wurde ein Anstieg des Wärmeübergangskoeffizienten sowohl bei Wasser als auch bei der Zuckerlösung gemessen. Die Steigung der beiden ermittelten Kurven ist unterschiedlich. Die Viskosität hat einen Einfluss, jedoch sind weitere Faktoren zu berücksichtigen. Der Einfluss der beheizten Länge wurde durch die Verschiebung der Filmaufgabe untersucht. Für beide Produktmedien konnte ein Abfall des Wärmeübergangskoeffizienten beobachtet werden, wenn sich die Lauflänge vergrößerte. Dies wird auf das Filmaufgabesystem zurückgeführt, welches das Produktmedium in einem Spalt direkt an die Wand sprüht [Chen, 1997].

Den Wärmeübergang in Fallfilmverdampfern mit glatten und profilierten Rohren untersuchte Lehnberger [Lehnberger, 2002] und ermittelte für innen berieselte glatte Rohre Kennzahlenbeziehungen

$$Nu_{Verd,l-w} = (3 \cdot Re)^{-\frac{1}{3}} \cdot \left(1{,}0 + 0{,}025 \cdot Re^{0{,}25} \cdot Pr^{0{,}55}\right) \tag{2.64}$$

$$Nu_{Verd,turb} = 0{,}0033 \cdot Re^{0{,}50} \cdot Pr^{0{,}40} \tag{2.65}$$

die zur zweiten Potenz überlagert werden sollen. Die Anwendung der Gleichungen für den Wärmeübergang bei der Verdampfung wird für Reynolds-Zahlen bis zu $Re = 5000$ und Prandtl-Zahlen zwischen $Pr = 1$ und $Pr = 400$ empfohlen. Zusätzlich werden für die Anwärmung des Rieselfilms die Gleichungen

$$Nu_{Anw,l-w} = (3 \cdot Re)^{-\frac{1}{3}} \cdot \left(2{,}059 + 0{,}03 \cdot Re^{0{,}25} \cdot Pr^{0{,}55}\right) \tag{2.66}$$

$$Nu_{Anw,turb} = 0{,}0011 \cdot Re^{0{,}39} \cdot Pr^{0{,}35} \tag{2.67}$$

angegeben, die ebenfalls zur zweiten Potenz überlagert werden sollen. Die Kennzahlbeziehungen beruhen auf einer Modellbildung, die die Anwärmungs- und Verdampfungszone, die Wandrauigkeit, die Welligkeit des Rieselfilms sowie die Rohrkrümmung berücksichtigt. Sie dienen dazu, die numerische Integration der entwickelten Modellgleichungen zu vermeiden. Messergebnisse in einem Fallfilmverdampfer mit glattem Rohr mit Innenberieselung und einer Länge von $l = 1{,}5\,m$ (Filmaufgabe Glattwehr) dienten der Parameteranpassung während der Modellierung. Durch den Einsatz von Drallrohren konnte eine Verbesserung des Wärmeübergangs von 10 ... 30 % abhängig von der Berieselungsdichte erzielt werden. Grund dafür ist das Ablösen der Unterströmung hinter den Schwellen der

Drallrohre. Gute Übereinstimmungen zwischen diesen Kennzahlbeziehungen und der von Numrich [Numrich, 1994] dargestellten Gleichung (Gl. 2.45) für den turbulenten Bereich konnten beobachtet werden. Die Übereinstimmung der Modellrechnung mit experimentellen Daten wird mit ±10 % angegeben, bei niedrigen Viskositäten wurde ebenfalls eine gute Übereinstimmung mit Messergebnissen aus einem Industrieverdampfer gezeigt. Bei höheren Viskositäten konnten die Modellgleichungen den Wärmeübergang im Industrieverdampfer jedoch nicht vollständig beschreiben [Lehnberger, 2002].

Auch Krupiczka et al. [Krupiczka et al., 2002] untersuchten den Wärmeübergang an einem innen berieselten Rohr. Das Edelstahlrohr hatte eine Länge von $l = 0{,}7\ m$ und wurde elektrisch beheizt. Die genaue Geometrie der Filmaufgabe ist nicht beschrieben. Verdampft wurden bei Prandtl-Zahlen von $1{,}7 \leq Pr \leq 15$ Wasser, Isopropanol und Methanol. Krupiczka et al. zeigten, dass bei niedrigen Wärmestromdichten die Daten gut mit der Korrelation von Chun und Seban übereinstimmen. Bei hohen Wärmestromdichten, bei denen Blasensieden eintritt, wird die Nusselt-Zahl durch eine Siedekennzahl angepasst. Diese Kennzahl ist definiert als [Krupiczka et al., 2002]

$$B_0 = \frac{\dot{q}}{\dot{\Gamma} \cdot \Delta h_v} \tag{2.68}$$

In einer weiteren Arbeit stellten Krupiczka et al. [Krupiczka et al., 2008] Untersuchungen zum Einfluss einer Inertgasströmung auf den Wärmeübergang bei der Fallfilmverdampfung vor und nutzen die gleiche Versuchsanlage wie in 2002 [Krupiczka et al., 2002]. Als Verdampfungsmedium diente Wasser bei $Pr = 1{,}7$, als Inertgas wurde Stickstoff im Gleichstrom zum Verdampfungsmedium geführt. Gezeigt wurde, dass bei steigender Wärmestromdichte im vorliegenden Messbereich der Wärmeübergang ansteigt. Die Rate des Anstiegs sinkt jedoch bei steigender Inertgaskonzentration im Gasgemisch. Schon kleine Mengen nicht kondensierbarer Gase können den Wärmeübergang erniedrigen [Krupiczka et al., 2008].

Den Einfluss von „Filmpromotoren“ untersuchten Salvagnini und Taqueda [Salvagnini et al., 2004] anhand eines Edelstahlgitters, welches auf der Innenfläche eines Glasrohres angebracht wurde. Verdampft wurde Wasser, die beheizte Länge betrug $l = 1{,}5\ m$. Die Messungen zeigten eine Erhöhung des Wärmeübergangs bis zu einem Faktor 3 gegenüber der Verdampfung ohne „Filmpromotoren“, die Erhöhung war abhängig von der Berieselungsdichte. Als Grund wird die Erhöhung der effektiven Verdampfungsoberfläche angeführt. Darüber hinaus wurden die „Filmpromotoren“ durch visuelle Beobachtung als effektives Mittel für den Betrieb von Fallfilmverdampfern bei niedrigen Berieselungsdichten identifiziert, da es zu einer Spreitung des Filmes zwischen den Drahtabschnitten kommt [Salvagnini et al., 2004].

Weitere Untersuchungen der Fallfilmverdampfung bei sehr kleinen Reynolds-Zahlen ohne berücksichtigung des Schubspannungseinflusses und zum Einfluss der Wärmestromdichte durch Storch et al. bestätigen Ergebnisse aus Kondensationsversuchen von Gross [Gross et al., 2009], [Storch et al., 2008; Storch et al., 2009].

2.3.2 Thermischer Einlauf

Ein weiterer Aspekt, der bisher in der Literatur nur wenig berücksichtigt wurde, ist der Einfluss des fluiddynamischen Einlaufs auf den Wärmeübergang und insbesondere auf den integralen Wärmeübergang. Wie in Kap. 2.2 beschrieben wurden für verschiedene Anlagenkonfigurationen Veränderungen des Strömungsprofils im oberen Bereich des Rieselfilms beobachtet. Auch für den Wärmeübergang wurde über Lauflängeneinflüsse berichtet. Im Folgenden wird eine Auswahl der Arbeiten zu diesem Thema dargestellt. Eine Zusammenfassung, die auch Arbeiten mit Gemischen als Produktmedium bis 1999 berücksichtigt, ist bei Leuthner [Leuthner, 1999] gegeben.

Neben dem fluiddynamischen Einlauf untersuchte Struve [Struve, 1969] die Entwicklung des Wärmeübergangs bei steigender Lauflänge und unterschiedlichen Spaltweiten der Filmaufgabe (Ringspalt, außen berieseltes Rohr) durch lokale Messungen. Gezeigt wurde, dass bei einem Abstand von $l = 0{,}45\ m$ der Einfluss des Überlaufs abgeklungen ist. Eine Veränderung des Wärmeübergangs in Abhängigkeit von der Lauflänge ist bei $l > 1\ m$ nicht mehr beobachtbar.

Haase [Haase, 1970] stellte fest, dass mit steigender Wärmestromdichte die sich einstellenden Temperaturdifferenzen und damit der Wärmeübergang stärker schwankten. Zudem traten bis zu einer Länge von $0{,}7\ m$ Schwankungen in der Temperaturdifferenz auf, welche einer Anlaufstrecke zugeschrieben werden. Für die Ermittlung des Potenzgesetzes zur Berechnung der Nusselt-Zahl (Gl. 2.26) wurde die Auswertung auf den Bereich voll ausgebildeter Strömung beschränkt [Haase, 1970].

Die Oberflächenverdampfung in turbulenten Fallfilmen untersuchten Asblad et al. [Asblad et al., 1991]. Experimentelle Daten wurden mit dem Kältemittel R12 ($Pr = 3$) in einem innen berieselten Einrohr-Fallfilmverdampfer gewonnen. Die maximale beheizte Länge betrug $l = 2{,}16\ m$, der Innendurchmesser lag bei $d_i = 0{,}025\ m$. Das Testfluid wurde durch einen gesinterten Metallfilter auf der Innenseite des elektrisch beheizten Rohres verteilt. Während des Versuches wurden bis zu 80 % des Mediums verdampft.

Durch die lokalen Messungen wurde gezeigt, dass für niedrige Reynolds-Zahlen die experimentell ermittelten Nusselt-Zahlen gut mit denen nach Chun und Seban [Chun et al., 1971] übereinstimmen. Mit steigender Reynolds-Zahl steigen auch die Abweichungen an. Die Abweichungen sind zudem abhängig von der Position der Messung. Je größer die Lauflänge ist, desto größer sind die beobachteten Abweichungen zur Korrelation nach Chun und Seban [Chun et al., 1971]. Zur Anpassung der lokalen Messdaten wird für Reynolds-Zahlen über $Re = 450$

$$Nu = 0{,}026 \cdot (4 \cdot Re)^{0{,}25} \cdot \ell^{*-0{,}10} \tag{2.69}$$

mit $\ell^* = \frac{l}{l_E}$ angeboten. Die Einlauflänge wird auf $l_E = 1{,}36\ m$ angenommen, da so die beste Anpassung erreicht werden konnte [Asblad et al., 1991].

Leuthner [Leuthner, 1999] berichtete, dass sich eine Abhängigkeit des Wärmeübergangs von der Lauflänge feststellen lässt. Diese kann auf eine Änderung der Filmstruktur zurück geführt werden. Der Lauflängeneinfluss kann gleichermaßen für Wasser und für Wasser-Ethylenglykol-Gemische beobachtet werden, mit dem Unterschied, dass sich die Maxima der Kurven verschieben. Für den integralen Wärmeübergang zeigt Leuthner [Leuthner, 1999], dass es bei Lauflängen zwischen $l = 0{,}3\ m$ und $l = 1{,}2\ m$ zu erhöhten Wärmeübergangswerten kommt, bei größeren Lauflängen zu niedrigeren, als dies mit Gleichungen nach VDI Wärmeatlas [Schnabel et al., 2006, Abschnitt Md] berechnet wird. Die Messungen wurden an einem außen berieselten Rohr aus einer Kupfer-Nickel-Legierung durchgeführt, welches elektrisch beheizt wurde. Die Filmaufgabe erfolgte durch einen Ringspalt [Leuthner, 1999].

Die Untersuchungen von Alhusseini wurden durch lokale Temperaturmessungen vorgenommen und konnten einen Lauflängeneinfluss nicht bestätigen [Alhusseini, 1995].

Im VDI-Wärmeatlas [Schnabel et al., 2006, Abschnitt Md] wird für die Nusselt-Zahl des siedenden Rieselfilms im Bereich des thermischen Anlaufs die Berechnung durch

$$Nu = C_0 \cdot \sqrt[3]{\frac{Re^{\frac{1}{3}} \cdot Pr \cdot \left(\frac{\nu^2}{g}\right)^{\frac{1}{3}}}{l}} \tag{2.70}$$

$$C_0 = \begin{cases} 0{,}608 & \text{für konstante Wandttemperatur} \\ 0{,}733 & \text{für konstante Wärmestromdichte} \end{cases}$$

empfohlen. Im Bereich des thermischen Einlaufs findet keine Verdampfung statt. und die Nusselt-Zahl aus Gl. 2.70 ist höher als für den siedenden Rieselfilm aus Gl. 2.36. Für wässrige Versuchsmedien beträgt die Länge des thermischen Einlaufs einige Zentimeter [Schnabel et al., 2006, Abschnitt Md].

Den thermischen Einlauf im laminar-welligen Bereich untersuchten Lel et. al [Lel et al., 2007]. Dabei wird die thermische Einlauflänge l_δ definiert als der mittlere Abstand vom Beginn der Beheizung bis die thermische Grenzschicht die Filmoberfläche erreicht. Für den laminar-welligen Bereich wird ein Einfluss der Wellenbildung auf die thermische Einlauflänge erwartet. Eine weitere Definition für die thermische Einlauflänge ist der Abstand vom Beginn der beheizten Fläche zum Punkt der Konstanz des Wärmeübergangskoeffizienten. Dieser Abstand ist für den laminaren Bereich deutlich länger als nach der ersten Definition [Lel et al., 2007].

Die Messungen von Lel et. al [Lel et al., 2007] wurden an einer Platte 330 mm unterhalb der Filmaufgabe durchgeführt mit der Annahme, dass hier der Film fluiddynamisch voll ausgebildet ist. Die Beheizung erfolgte elektrisch auf einer Länge von $l = 0{,}070\ m$, als Medium diente Siliconöl. Nach Lel et. al [Lel et al., 2007] kann der thermische Einlauf für $100 \leq Pr_0 \leq 180$ und $1{,}95 \leq Re_0 \leq 22{,}4$ berechnet werden zu

$$l_\delta = 0{,}0146 \cdot Re_0^{0{,}845} \cdot Pr_0^{1{,}2} \cdot \left(\frac{Pr_0}{Pr_W}\right)^{-0{,}45} \cdot Ka_0^{00{,}13} \cdot \left(\frac{\nu^2}{g}\right)^{\frac{1}{3}} \tag{2.71}$$

Sowohl der Einfluss von Stoffdatenänderungen bei der Aufheizung als auch der Einfluss der Kapitza-Zahl auf die Wellenbildung wurde berücksichtigt. Gezeigt wurde, dass bei Reynolds-Zahlen $Re \geq 3$ die Länge des thermischen Einlaufs niedriger ist als es durch Korrelationen für glatte Filme berechnet wird [Lel et al., 2007].

In einer Erweiterung der Arbeit zeigten Lel et al. [Lel et al., 2009], dass die zuvor gezeigten Ergebnisse an einer beheizten Länge von $l = 0{,}14m$ mit guter Übereinstimmung wiederholt werden können. Die 2007 ermittelte Gleichung wurde weiterentwickelt mit einer Aufteilung in zwei Bereiche, über und unter $Re = 8$. Die maximale Reynolds-Zahl wird mit $Re = 40$ angegeben, Prandtl-Zahlen von $100 < Pr < 180$ wurden abgedeckt.

$$l_\delta = a \cdot Re_0^b \cdot Pr_0 \cdot Ka_0^{0{,}0606} \cdot \left(\frac{Pr_0}{Pr_W}\right)^{-0{,}29} \cdot \left(\frac{\nu^2}{g}\right)^{\frac{1}{3}} \tag{2.72}$$

$$\left.\begin{aligned} a &= 0{,}8367 \\ b &= 0{,}718 \end{aligned}\right\} \quad \text{für Re} < 8$$

$$\left.\begin{aligned} a &= 0{,}022 \\ b &= 1{,}36 \end{aligned}\right\} \quad \text{für Re} > 8$$

Der Vergleich der Literaturangaben für den fluiddynamsichen Einlauf mit den Angaben für den thermischen Einlauf zeigt, dass ein Einfluss der Lauflänge auf den Wärmeübergang in zumeist größeren Abständen zur Filmaufgabe beobachtet wird, als dies für eine Abhängigkeit der Fluiddynamik von der Lauflänge gezeigt wird. Liegt der fluiddynamische Einlauf zwischen $l = 0{,}05\ m$ und $l = 1{,}3\ m$ so wird eine Abhängigkeit der Lauflänge auf den Wärmeübergang bei Längen von bis zu $l = 0{,}3\ m ... 1{,}36\ m$ berichtet.

2.4 Beitrag der Arbeit

Basierend auf den Erkenntnissen der bisherigen Forschung (Kapitel 2.1 bis 2.3) wird deutlich, dass sich eine Vielzahl von Arbeitsgruppen in den letzten fast 100 Jahren mit den

Phänomenen der Fluiddynamik und des Wärmeübergangs in Fallfilmverdampfern beschäftigt haben. Nusselt [Nusselt, 1916] ist dabei als Wegbereiter zu erwähnen. Die Anzahl der Arbeitsgruppen bedingt eine große Anzahl an unterschiedlichen Anlagenkonfigurationen. Vielfach untersucht sind die Fluiddynamik und der Wärmeübergang an senkrechten und geneigten Platten und an außen berieselten Rohren. Aufgrund der schwierigen messtechnischen Zugänglichkeit ist die Messung an innen berieselten Rohren jedoch unüblich. Die Länge der Messstrecken ist insbesondere bei der Messung des Wärmeübergangs mit $l \leq 2\,m$ relativ kurz verglichen mit industriell eingesetzten Anlagen. Als weiterer Aspekt, der bisher nicht systematisch untersucht wurde, ist die Art der Filmaufgabe. Die meisten in der Literatur verwendeten Anlagen zielen darauf ab, einen möglichst definierten Film zu erzeugen und verwenden zur Filmaufgabe einen Ringspalt. In der industriellen Anwendung ist jedoch das Überlaufwehr deutlich verbreiteter. Systematische Untersuchungen über den Einfluss unterschiedlicher Überlauf-Filmaufgaben insbesondere auf den Wärmeübergang sind nicht bekannt.

Die bestehende Datenbasis für Reinstoffe mit industriell relevanten Viskositäten bzw. für Reinstoffe hoher Prandtl-Zahlen ist gering. Der Einfluss der Prandtl-Zahl und der Viskosität werden meistens mit Medien niedriger Viskosität oder mit Gemische ermittelt, bei denen die Prandtl-Zahl durch Wasser mit einer hohen Wärmekapazität erhöht wird. Die Verdampfung von Gemischen ist allerdings nicht vorteilhaft, zur Entwicklung grundlegender Modelle für den Einfluss der Viskosität und der Anlagengeometrie auf den Wärmeübergang. Durch die Verdampfung des Leichtsieders eines Gemisches werden die Zusammensetzung und damit die Stoffeigenschaften über die Lauflänge verändert. Hinzu kommt, dass die Phänomene des Stoffübergangs bei der Gemischverdampfung ebenfalls berücksichtigt werden müssen.

Wenn nach den empirischen Gleichungen des VDI Wärmeatlas [Schnabel et al., 2006, Abschnitt Md], nach Alhusseini [Alhusseini, 1995; Alhusseini et al., 1998; Alhusseini et al., 2000] sowie nach Weise [Weise, 2007] die Nusselt-Zahl für Cyclohexanol bei einer Viskosität von $\eta = 3{,}77\ mPa\,s$ ($\mathrm{Pr} = 77$) berechnet wird, siehe Abb. 2.6, so wird deutlich, dass die vorhandenen Korrelationen deutliche Unterschiede zeigen.

Ziel dieser Arbeit ist es, mögliche Einflussgrößen auf den Wärmeübergang bei der Reinstoffverdampfung mit besonderem Fokus auf die Viskosität des Produktmediums und die Einlaufgeometrie zu identifizieren. Das Verdampfungsverhalten von Wasser, Propylenglykol und Cyclohexanol wird in einem Fallfilmverdampfer mit innen berieseltem Edelstahlrohr und variabler Überlaufgeometrie gemessen. Die Anlagenkonfiguration bezüglich Beheizung und Verhältnis von Länge zu Durchmesser wird dabei möglichst industrienah gewählt.

Der Vergleich der experimentellen Daten mit den Berechnungsvorschlägen anderer Autoren soll weiteren Aufschluss über mögliche Einflüsse insbesondere in Bezug auf die Apparategeometrie geben. Darüber hinaus wird der Einlaufbereich in einer unbeheizten Anlage

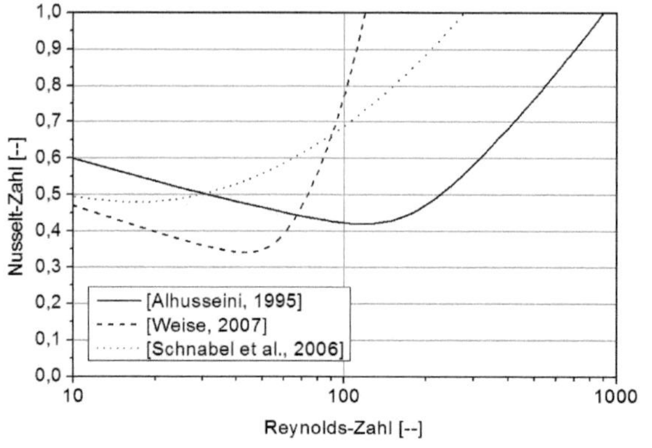

Abbildung 2.6: Berechnete Nusselt-Zahlen bei ansteigender Reynolds-Zahl für Cyclohexanol bei $T_S = 80°C$ (Pr = 77)

zur Messung der Fluiddynamik untersucht. Im Ergebnis soll ein Berechnungsvorschlag stehen, der mit möglichst wenigen Fallunterscheidungen bezüglich Apparategeometrie und Produktmedium den Wärmeübergang bei der Fallfilmverdampfung beschreibt.

3 Messung des Wärmeübergangs

Die Messungen dienen dazu den Einfluss der Viskosität und der Geometrie des Einlaufs auf den Wärmeübergang zu erforschen und daraus Modellgleichungen zu entwickeln, die in der industriellen Praxis die Auslegung von Fallfilmverdampfern im Betrieb mit Medien hoher Viskosität ermöglichen. Aus dem in Kapitel 2 dargestellten Forschungsstand ergeben sich an den Versuchsaufbau und die Versuchsstoffe folgende Anforderungen:

- Industrienahe Ausführung der Apparatur, insbesondere Einsatz eines innen berieselten Metallrohrs
- Variable Filmaufgabe
- Gute Reinigbarkeit
- Messung des integralen Wärmeübergangs
- Kontinuierliche Messdatenerfassung
- Beheizung mit gesättigtem Dampf
- Vakuumfeste Auslegung, um breite Parametervariationen zu ermöglichen
- Medien mit einer starken Temperaturabhängigkeit der Viskosität bei geringer Änderung anderer Stoffdaten

3.1 Versuchsanlage

Für die Messungen wurde ein Fallfilmverdampfer konstruiert und aufgebaut. Abbildung 3.1 zeigt das Fließbild der Anlage. Der Verdampfer besteht aus einem Edelstahl-Innenrohr (1.4571, nahtlos gezogen) der Dimensionen $d_i\ x\ s\ x\ l\ =\ 30\ x\ 3\ x\ 2500\ mm$ und einem isolierten Edelstahl-Außenmantel.

Aus dem Vorlagebehälter B1 wird das Produkt durch eine Zahnradpumpe P1 zum Kopf der Anlage befördert. Dabei wird der Umlaufstrom mit einem Coriolis-Durchflußmesser (FIR) gemessen. Vor dem Eintritt in den Kolonnenkopf wird das Produkt durch zwei elektrische Vorheizstrecken auf nahezu Siedetemperatur vorgeheizt. Das Produkt tritt dann über einen Ringverteiler in den Kolonnenkopf ein, fließt über einen austauschbaren Überlauf in das Innenrohr und wird durch die Beheizung über den Außenmantel teilweise verdampft. Als Überläufe werden ein Glattwehr und ein Turmwehr eingesetzt, siehe Abb. 3.2.

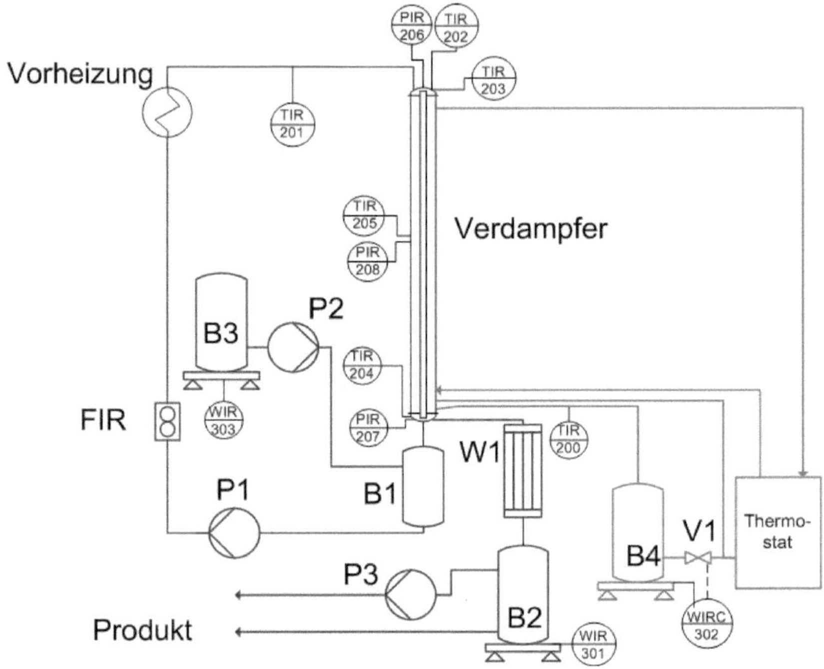

Abbildung 3.1: Fließbild der Verdampferanlage

Abbildung 3.2: Eingesetzte Überläufe: Glattwehr (links) und Turmwehr (rechts), vgl. [Arndt et al., 2011]

Nach Verlassen des Innenrohres werden im Sumpf Brüden und Flüssigkeit durch eine Schwerkraftabscheidung von einander getrennt. Die Flüssigkeit fließt in den Vorlagebehälter B1 zurück, der Brüden wird oberhalb des Innenrohrendes abgezogen und in einem Kondensator W1 (Fa. QVF, Glas, 0,5 m^2 Fläche) kondensiert. Das Produktkondensat wird im Behälter B2 auf einer Waage gesammelt und zur Massenstrommessung gewogen.

Sowohl am Kolonnenkopf als auch im Kolonnensumpf werden stetig Druck und Temperatur gemessen. Um darüber hinaus das Temperaturprofil im Verdampfer zu bestimmen, sind auf fünf Messhöhen je zwei Thermoelemente (Typ K, Ni-CrNi) in einem bzw. zwei Millimeter Tiefe in die Wand des Innenrohrs eingelötet.

Die Beheizung des Innenrohres erfolgt mit gesättigtem Dampf aus einem Siedethermostaten (Fa. GWK, vt12). Als Heizmedien werden Wasser und Chlorbenzol verwendet. Diese werden im Mantelraum kondensiert. Das Mantelrohr hat einen Innendurchmesser von $d_i = 101{,}6\ mm$ um eine Störung des Kondensatfilms durch Scherkräfte auf Grund hoher Dampfgeschwindigkeiten zu verhindern und die Berechnung des heizseitigen Wärmeübergangs nach VDI-Wärmeatlas für ruhenden Dampf zu ermöglichen. Der Heizdampf tritt am unteren Ende der beheizten Länge in den Mantelraum ein. Das Heizmedium kondensiert an der Außenseite des Innenrohrs wie auch an der Innenseite des Außenrohrs. Dabei wird die Kondensationswärme frei. Das herab rieselnde Kondensat wird am unteren Ende gesammelt, in einen Behälter unter einer Waage geleitet und zur Bestimmung des übertragenen Wärmestroms gewogen. Dabei werden je nach Heizmedium $150 - 250\ g$ Kondensat gesammelt, bevor ein Ventil öffnet und das Kondensat zurück zum Siedethermostaten geleitet wird[1]. Kondensat, welches im Mantelraum an der Innenseite des Außenrohrs gebildet wird, wird getrennt durch ein Bechersystem zum Siedethermostat zurück geführt. Die Messwerte werden über einen Zeitraum von mindestens 30 Minuten im stationären Betrieb gemittelt.

Die Wahl des Heizmediums ist abhängig von der Verdampfungstemperatur des Produktfluids und der gewählten treibenden Temperaturdifferenz zwischen Heiz- und Produktseite, da der Arbeitsbereich des Siedethermostaten begrenzt ist auf einen Druckbereich von $0{,}2\ bar < p < 0{,}9\ bar$ und damit auf entsprechende Kondensationstemperaturen .

Eine Aufstellung der wichtigsten Messeinrichtungen auf Heiz- und Produktseite ist in Tabelle 3.1 zu finden.

Die Messdaten werden über einen Datenlogger der Firma Agilent Technologies (Modell 34970A) in Verbindung mit einem in LabView® erstellten Programm aufgezeichnet. Das Ventil zum Sammeln des Heizkondensats sowie die Feed-Pumpe der Produktseite werden ebenfalls über das LabView® Programm gesteuert.

[1]Die Menge an gesammeltem Kondensat ergibt sich aus dem benötigten minimalen und maximalen Füllstand des Siedethermostaten.

Tabelle 3.1: Wichtige Messeinrichtungen im Verdampfer

Messeinrichtung	Seite	Gerät / Sensor	Hersteller
Kopftemperatur (TIR 202)	Produktseite	PT100	TMH
Kopftemperatur flüssig (TIR 203)	Produktseite	Thermoelement Typ K	TMH
Sumpftemperatur (TIR 204)	Produktseite	PT100	TMH
Zulauftemperatur (TIR 201)	Produktseite	Thermoelement Typ K	TMH
Wandtemperatur	Wand	Thermoelement Typ K	TMH
Kondensations temperatur (TIR 205)	Heizseite	PT100	TMH
Heizkondensat flüssig (TIR 200)	Heizseite	Thermoelement Typ K	TMH
Druck Kopf (PIR 206)	Produktseite	Drucktransmitter	Keller
Druck Sumpf (PIR 207)	Produktseite	Drucktransmitter	Keller
Druck Mantel (PIR 208)	Heizseite	Drucktransmitter	Keller
Umlaufstrom (FIR)	Produktseite	Coriolis-Durchflussmesser	Krohnes
Feedstrom (WIR 303)	Produktseite	Waage	Sartorius
Kondensatstrom (WIRC 302)	Heizseite	Waage	Sartorius
Brüdenstrom (WIR 301)	Produktseite	Waage	Sartorius

3.2 Versuchsmedien

Als Versuchsmedien wurden Wasser, Propylenglykol und Cyclohexanol bei den in Tabelle 3.2 dargestellten Verdampfungstemperaturen und daraus resultierenden dynamischen Viskositäten und Oberflächenspannungen verwendet. Mit den genannten Medien konnte mit Reinstoffen ein großer Viskositätsbereich bei technisch realisierbaren Temperaturen und Drücken erzielt werden. Propylenglykol wurde von Weise [Weise et al., 2006] und Alhusseini [Alhusseini, 1995] eingesetzt, Cyclohexanol war bei Weise [Weise et al., 2006] das Medium mit der höchsten Prandtl-Zahl. Eine Überschneidung der dynamischen Viskositäten in einem Bereich von $2{,}6 \leq \eta \leq 4{,}1\ mPa\,s$ ist vorhanden. Wasser wurde als Versuchsmedium eingesetzt, um einen Vergleich mit einer größeren Datenbasis in der Literatur zu ermöglichen. Die Stoffdaten wurden wie in Anhang A beschrieben berechnet. Die eingestellten Siededrücke sowie die reduzierten Drücke sind in Anhang B zu finden.

Tabelle 3.2: Versuchsmedien und deren Eigenschaften im Messfeld

Stoff	Verdampfungs-temperatur [°C]	Prandtl-Zahl [-]	dynamische Viskosität η [$mPa\,s$]	Oberflächen-spannung σ [$10^{-3}\ \frac{kg}{s^2}$]
Propylenglykol	100,4	40	2,65	27,9
Propylenglykol	90,8	47	3,21	28,9
Propylenglykol	80,5	59	4,11	30,0
Cyclohexanol	100,4	44	1,99	25,4
Cyclohexanol	90,5	57	2,67	26,5
Cyclohexanol	80,2	77	3,77	27,6
Cyclohexanol	70,2	108	5,47	28,6
Cyclohexanol	65,5	129	6,62	29,2
Cyclohexanol	60,7	155	8,15	29,6
Wasser	100	1,73	0,278	58,0
Wasser	60	3	0,474	65,9

3.3 Datenreduktion

3.3.1 Wärmebilanzierung des Verdampfers

Um den übertragenen Wärmestrom zu bestimmen, stehen in der Verdampferanlage zwei Möglichkeiten zur Verfügung:

Zum Einen kann der gebildete Massenstrom an Produktkondensat über eine Waage kontinuierlich erfasst werden. Der für die Verdampfung nötige Wärmestrom berechnet sich mit

$$\dot{Q}_{VD} = \dot{m}_{Kond} \cdot \Delta h_V \,. \tag{3.1}$$

Hinzu kommt der Wärmestrom, der nötig ist, um den in den Verdampferkopf eintretenden flüssigen Umlaufstrom im Verdampferrohr isobar auf Siedetemperatur zu erhitzen:

$$\dot{Q}_{aufh} = \dot{m}_{ges} \cdot c_p \cdot \Delta T \tag{3.2}$$

Der Wärmestrom aus Gleichung 3.2 ist bezogen auf den Gesamtwärmestrom gering, da der Gesamtumlaufstrom nahe der Siedetemperatur am Kopf der Kolonne aufgegeben wird. Jedoch ist dieser in Bezug auf die Gesamtbilanz nicht zu vernachlässigen. Aus den Gleichungen 3.1 und 3.2 ergibt sich der Gesamtwärmestrom zu

$$\dot{Q}_{ges,PS} = \dot{Q}_{VD} + \dot{Q}_{aufh} \tag{3.3}$$

sowie die produktseitige Wärmestromdichte

$$\dot{q}_{PS} = \frac{\dot{Q}_{ges,PS}}{A_{PS}} \tag{3.4}$$

Neben der produktseitigen Bilanz wird die heizseitige Bilanz gebildet. Hierzu steht die Massenstrommessung auf der Heizseite zu Verfügung. Es wird der Massenstrom des Kondensates der Heizseite , welches an der Außenseite des Innenrohres herab rieselt durch Wägung bestimmt. Durch eine Bechervorrichtung wird das Messkondensat am Innenrohr vom Verlustkondensat am Außenrohr getrennt. Der Wärmestrom über die Heizseite berechnet sich analog zur Produktseite unter Einbeziehung der Kondensatunterkühlung zu

$$\dot{Q}_{Kond} = \dot{m}_{Kond} \cdot \Delta h_V \tag{3.5}$$

$$\dot{Q}_{abk} = \dot{m}_{Kond} \cdot c_p \cdot \Delta T \tag{3.6}$$

$$\dot{Q}_{ges,HS} = \dot{Q}_{Kond} + \dot{Q}_{abk} \tag{3.7}$$

sowie die Wärmestromdichte zu

$$\dot{q}_{HS} = \frac{\dot{Q}_{ges,HS}}{A_{PS}} \tag{3.8}$$

Für die Berechnung des Wärmeübergangs werden die Messwerte nur verwendet, wenn die berechneten Wärmeströme auf der Produkt- und Heizseite mit ±15% übereinstimmen.

3.3.2 Wärmeübergang

Gegenstand der Untersuchungen ist der produktseitige Wärmeübergang.

Aus der in 3.3.1 beschriebenen Berechnung des heizseitigen Wärmestroms und den gemessenen globalen Temperaturdifferenzen lässt sich mit

$$k = \frac{\dot{Q}_{HS}}{A_{PS} \cdot (T_{HS} - T_{S,PS})} \tag{3.9}$$

der Wärmedurchgangskoeffizient berechnen. Da sowohl auf der Verdampfungsseite im Rohr wie auf der Heizseite im Mantel Reinstoffe verwendet werden und eine axiale Druckerhöhung mit $\delta p_{max} < 0{,}7\ mbar$ vernachlässigt werden kann, können beide Temperaturen als konstant über die gesamte Apparatehöhe angenommen werden. Da der heizseitige Wärmestrom als messtechnisch zuverlässiger angesehen wird, wird dieser zur weiteren Berechnung verwendet. Mit Bezug der Wärmedurch- und übergänge auf die Innenfläche des Rohres lässt sich der produktseitige Wärmeübergang berechnen.

$$\alpha_{PS} = \left(\frac{1}{k} - \frac{A_{PS} \cdot s}{A_m \cdot \lambda} - \frac{A_{PS}}{A_{HS} \cdot \alpha_{HS}} - R_f\right) \tag{3.10}$$

mit der mittleren logarithmischen Fläche

$$A_m = \frac{(A_{HS} - A_{PS})}{ln\left(\frac{A_{HS}}{A_{PS}}\right)} \tag{3.11}$$

Dabei ist der Wärmedurchgang durch die Wand durch die Wanddicke und den Wärmeleitkoeffizienten gegeben. Soweit nicht anders angegeben, wurde der Foulingwiderstand R_f aufgrund der Kalibrierung mit Wasser sowie der Konsistenz der Messwerte vernachlässigt und Null gesetzt. Der Wärmeübergang des Heizkondensatfilms wird nach VDI Wärmeatlas [Müller et al., 2006, Abschnitt Ja] berechnet über die Nusselt-Zahl der Heizseite zu

$$Nu_{HS,l} = 0{,}925 \cdot \left(\frac{1 - \frac{\rho_{HD}}{\rho_{HDK}}}{Re_F} \right)^{\frac{1}{3}} \tag{3.12}$$

$$Nu_{HS,t} = \frac{0{,}020 \cdot Re_F^{7/24}}{1 + 20{,}52 \cdot Re_F^{-3/8} \cdot Pr^{-1/6}} \tag{3.13}$$

mit der Mittelung der laminaren und turbulenten Nusselt-Zahl zur Potenz 1,2 und der Welligkeitskorrektur f_w

$$Nu_{HS} = \sqrt[1{,}2]{(f_w \cdot Nu_{HS,l})^{1{,}2} + (Nu_{HS,t})^{1{,}2}} \qquad \text{mit} f_w = Re_F^{0{,}04} \tag{3.14}$$

.

Der Wärmeübergang ergibt sich zu

$$\alpha_{HS} = \frac{Nu_{HS} \cdot \lambda_{HS}}{\left(\frac{\nu_{HS}^2}{g} \right)^{1/3}} \tag{3.15}$$

Um einen Vergleich der experimentellen Wärmeübergänge zu ermöglichen wird die experimentelle Nusselt-Zahl der Produktseite berechnet zu

$$Nu_{PS} = \frac{\alpha_{PS}}{\lambda_{PS}} \cdot \left(\frac{\nu_{PS}^2}{g} \right)^{(1/3)} \tag{3.16}$$

3.4 Messunsicherheiten

Im Folgenden werden die Messunsicherheiten der einzelnen Größen sowie der produktseitigen Nusselt-Zahl anhand der eingesetzten Messgeräte betrachtet. Beurteilt wird dabei die Messkette entsprechend der Messdatenreduktion in Kapitel 3.3, unberücksichtigt bleiben systematische Fehler wie Vibrationen der Anlage u. ä..

Für den produktseitig ermittelten Wärmeübergang sind die Messwertabweichungen des Coriolis-Durchflussmessers[2] und der Temperaturmessung im Sumpf zu berücksichtigen. Hinzu kommen die Massenstrommessung des Heizkondensats durch die Waage und die

[2]Der Druckverlust des Coriolis-Durchflussmessers bleibt unberücksichtigt, da an dieser Stelle der Produktstrom nicht im Siedezustands vorliegt. Zu einem Siedeverzug kann es nicht kommen.

Temperaturmessungen auf der Heizseite. Die maximalen Beiträge dieser Messeinrichtungen sind in Tabelle 3.3 zusammengefasst. Dabei werden die Messunsicherheiten für die beiden Massenströme anhand der Kalibrierung bzw. der Messgenauigkeitsklasse der Messgeräte beurteilt, für die Temperaturmessung wird die eigene Kalibrierung gegen ein Quarzthermoelement (HP Modell 2804A) in einem ölbeheizten Kupferblock herangezogen.

Tabelle 3.3: Maximale Beiträge zum Messfehler bei der Ermittlung des produktseitigen Wärmeübergangs

Messgröße	Messgerät	Messunsicherheit Gerät
Massenstrom Umlauf	Coriolis Durchflussmesser	±0,1 % v. MW
Massenstrom Heizkondensat	Sartorius Waage	±0,2 % v. MW
Temperatur Sumpf	PT 100	$-0{,}11\,K < \Delta T < 0{,}24\,K$
Temperatur Heizseite	PT 100	$-0{,}12\,K < \Delta T < 0{,}23\,K$
Temperatur Ablauf Heizseite	Thermoelement Typ K	$-0{,}33\,K < \Delta T < 0{,}28\,K$

Anhand eines Beispiels für die Beheizung mit Chlorbenzol und dem Produktmedium Propylenglykol werden die Beiträge der Einzelabweichungen sowie die insgesamt zu erwartende maximale Abweichung betrachtet. In Abb. 3.3 sind die maximalen Abweichungen der Nusselt-Zahl bei Änderung der Messwerte im Unsicherheitsbereich dargestellt.

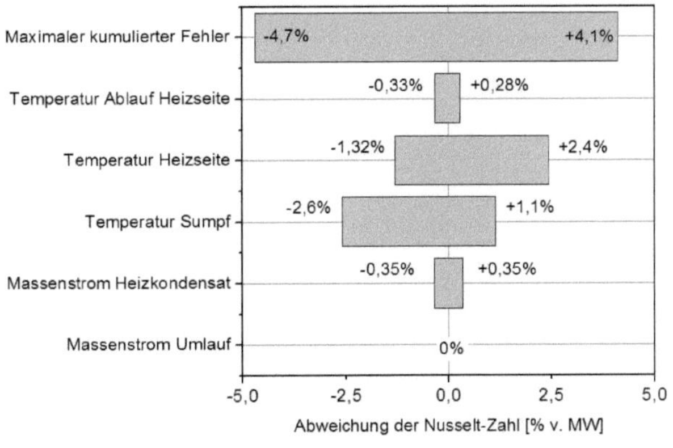

Abbildung 3.3: Beiträge zur Messunsicherheit und maximale kumulative Messunsicherheit bei Änderung der Messgrößen in den Grenzen aus Tab. 3.3; Propylenglykol, $Re = 262$; $Pr = 40$, Beheizung durch Chlorbenzol

Der größte Beitrag zur Messunsicherheit stammt von der Messunsicherheit der Temperaturmessstellen auf der Heiz- und Produktseite. Die Beiträge des Coriolis-Durchflussmessers auf der Produktseite und der Zulauftemperatur sind hingegen sehr gering. Die maximale Messunsicherheit ist mit unter 5% zufriedenstellend.

4 Untersuchungen zur Fluiddynamik

Die Messung der Fluiddynamik von Fallfilmen an innen berieselten Rohren ist sehr aufwändig und kostenintensiv, da eine hohe örtliche und zugleich zeitliche Auflösung ohne Beeinflussung des Films benötigt wird. Um dennoch orientierende, qualitative Messungen zum Einfluss der dynamischen Viskosität und des Filmaufgabesystems auf die Fluiddynamik durchführen zu können, wurde die im Folgenden beschriebene Messmethodik aufgebaut.

4.1 Versuchsanlage

Zur Untersuchung der Fluiddynamik wurde ein Rohr aus durchsichtigem Polymethylmethacrylat (PMMA) eingesetzt. In Anlehnung an die Verdampferanlage hat das Rohr die Dimensionen $d_i \; x \; s \; x \; l \; = \; 30 \; x \; 5 \; x \; 2100 \; mm$ und damit etwa das gleiche Verhältnis von Rohrlänge zu Innendurchmesser von $\frac{l}{d_i} \approx 105$. Die Abbildungen 4.1(a) und 4.1(b) zeigen den Aufbau der Anlage. Die Testflüssigkeit wird über eine Zahnradpumpe P1 aus dem Vorratsbehälter B1 zum Kopf der Anlage gefördert und tritt durch einen Ringverteiler unterhalb der Flüssigkeitsoberfläche in den Beruhigungsbehälter B2 ein. Das Fluid fließt über die austauschbare Filmaufgabe in das Rohr und rieselt an der Innenseite des Rohrs herab. Hinter dem Rohr ist Millimeterpapier mit waagerechten Linien im Abstand von $2 \; cm$ angeordnet, das die Beurteilung der Filmstruktur ermöglicht. Vor dem Rohr ist eine Spiegelreflexkamera (Canon EOS 500D) angeordnet. Mit dieser Kamera werden mit einer Belichtungszeit von $\frac{1}{1000} \; s$ Fotografien des Rohrs mit dem rieselnden Film und den Linien auf dem Millimeterpapier im Hintergrund aufgenommen.

4.2 Versuchsmedien

Da es in der vorliegenden Anlage nicht zur Verdampfung des Fluids kommt, können für die Variation der dynamischen Viskosität Verdickungsmittel eingesetzt werden. Die Messungen wurden mit deionisiertem Wasser und mit Wasser-/Polyvinylpyrrolidon-Lösungen durchgeführt. Polyvinylpyrrolidon (PVP) ist ein Polymer, welches in der Kosmetik und der Körperpflege eingesetzt wird. Verwendet wurde Luviskol K90® der Firma BASF. Es wurden dynamische Viskositäten von $1 \; mPa\,s$ bis $22 \; mPa\,s$ eingestellt, vgl. Tab. 4.1, bei Massenanteilen an Luviskol von $0 \; \leq \; x \; \leq \; 5 \; gew\%$. Die geringen Massenanteile an Polymer stellen sicher, dass die Stoffdaten mit Ausnahme von dynamischer Viskosität

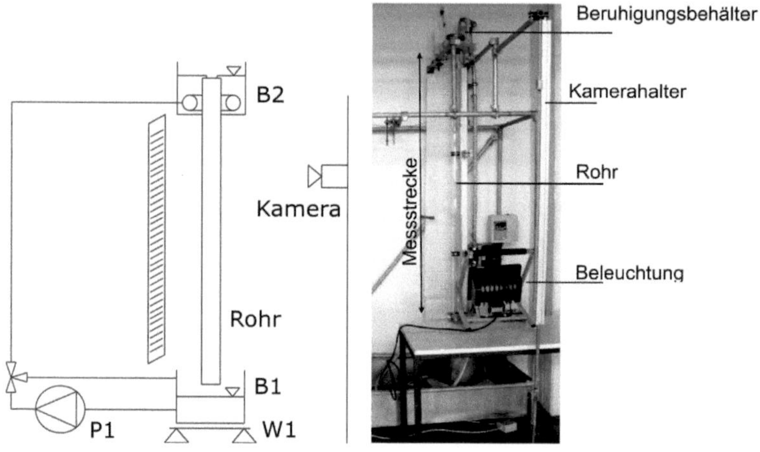

(a) Schaubild der Fluiddynamikanlage (b) Fotografie der Fluiddynamikanlage

Abbildung 4.1: Aufbau der Fluiddynamikanlage

und Oberflächenspannung im Vergleich zu Wasser nur geringfügig beeinflusst werden. Die Viskosität wurde mit einem Rheometer Physica MCR 101 der Firma Anton Paar gemessen, die Oberflächenspannung wurde mit einem Ringtensiometer K12 der Firma Krüss bestimmt. Für die Wärmekapazität und die Wärmeleitfähigkeit wurden Wasserwerte angenommen. Bei der geringen Polymerkonzentration liegt newtonsches Fließverhalten vor, siehe Abb. 4.2. Die Lösungen wurden mit 0,0018 $\frac{g}{L}$ Natrium-Fluoreszein angefärbt, um die Sichtbarkeit des Filmes zu verbessern. Die Benetzungseigenschaften und die Rauheit des Rohrs wurden nicht berücksichtigt.

Tabelle 4.1: Versuchsmedien und deren Eigenschaften im Messfeld für die Messung der Fluiddynamik

Massenanteil Luviskol [%]	Prandtl-Zahl	Viskosität $[mPa\, s]$	Oberflächenspannung $[10^{-3}\ \frac{kg}{s^2}]$
0	7,1	1,02	71,1
1	17,4	2,5	65,3
1,5	27,3	3,9	64,7
2	34,3	4,9	66,9
2,5	46,2	6,6	65,7
3	64,3	9,2	64,6
4	93,5	13,4	65,5
5	157,3	22,5	65,5

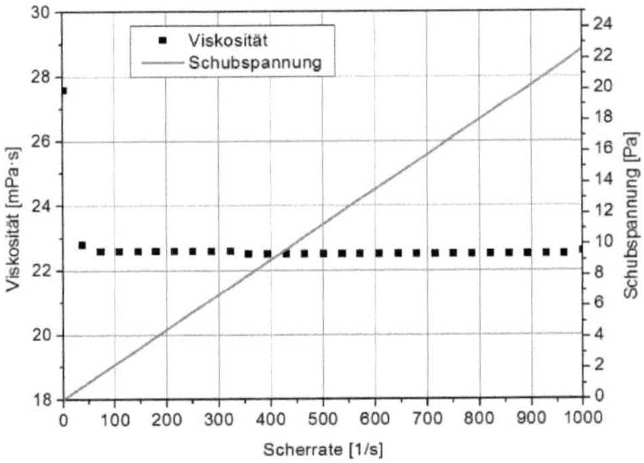

Abbildung 4.2: Fließkurve der Wasser / PVP Lösung bei der höchsten eingesetzten Konzentration (Massenanteil Luviksol 0,05 kg Luviskol/ kg Lösung

4.3 Auswertung der fotografischen Aufnahmen

Bei Umlaufströmen von 20 $kg/h \leq \dot{m} \leq 450\ kg/h$, ensprechend $4 \leq Re \leq 1300$ wurden jeweils 30 Aufnahmen mit einer Belichtungszeit von 1/1000 s pro Filmaufgabesystem gemacht. Die Bilder wurden zum Einen visuell beurteilt, um Veränderungen im Strömungsbild mit steigender Berieselungsdichte, steigender Viskosität, Variation der Filmaufgabe sowie zunehmender Lauflänge zu erkennen. Darüber hinaus ermöglicht eine computergestützte Auswertung eine objektive Beurteilung. Das Vorgehen bei der computergestützten Auswertung der Fotografien ist in Abbildung 4.3 verdeutlicht.

Aus den Bildern wird zunächst der obere Bereich des Rohres extrahiert. Es folgt eine Umwandlung in ein 8-bit Bild sowie eine Kantenerkennung. Danach werden die Bilder in Schwarz-Weiß Bilder umgewandelt, um eine Matrix zu erhalten, welche nur die Werte 0 für schwarz und 255 für weiß enthält. Dadurch werden die waagerechten Linien auf dem hinter dem Rohr befindlichen Millimeterpapier weiß dargestellt. Im Bereich eines wellenfreien Flüssigkeitsfilms sind die Linien im Hintergrund nicht verzerrt. Wird der Flüssigkeitsfilm jedoch durch Wellen und durch Filmturbulenzen gestört, wird das Licht gestreut und die Linien sind nicht mehr detektierbar. Für die Auswertung wird auf fünf Linien pro Bild parallel zur Lauflänge des Rieselfilms und dementsprechend in fünf Spalten der Bildmatrix die jeweils letzte sichtbare waagerechte Linie ermittelt. Hierzu wurde ein entsprechendes Matlab®-Programm genutzt, siehe Anhang D. Der Abstand der letzten sichtbaren Linie in Pixel vom oberen Rand des Bildes wird als Ende des wellenfreien Einlaufbereiches gedeutet, gespeichert und statistisch ausgewertet.

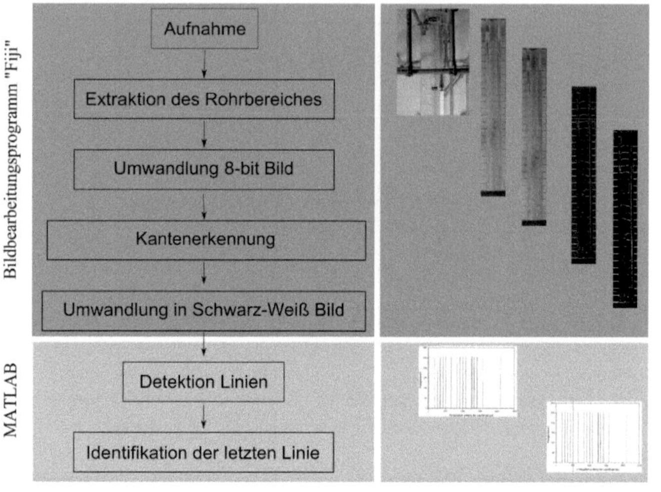

Abbildung 4.3: Schaubild zur Auswertung der fotografischen Aufnahmen

4.4 Signifikanz und Wiederholbarkeit

Für die Beurteilung der Signifikanz von Unterschieden in den Messwerten wird ein Konfidenzintervall von 95 % herangezogen. Dazu werden 30 Bilder auf jeweils fünf senkrechten Linien entlang der Lauflänge beurteilt. Es ergibt sich ein Konfidenzintervall im Mittel von 20 % des Messwertes, in dem mit einer Sicherheit von 95 % der Mittelwert der Messung zu finden ist. Diese sind in den Abbildungen zur Fluiddynamik als Fehlerbalken eingetragen.

Um die Wiederholbarkeit der Auswertung der fotografischen Aufnahmen möglichst gut zu gewährleisten, wurde der Bildausschnitt markiert und die Kamera fixiert. Zur Überprüfung wurden die Aufnahmen für eine Viskosität von $\eta = 3{,}9\ mPa\,s$ dreimal wiederholt. Ein Vergleich der Ergebnisse für die Filmaufgabe mit dem Glattwehr ist in Abb. 4.4 zu sehen. Signifikante Abweichungen der Kurven sind nicht erkennbar. Die Wiederholbarkeit der Messergebnisse ist gut. Die Schwankungen zwischen den Messungen liegen deutlich unter dem Intervall, welches für den Vertrauensbereich des Mittelwerts berechnet wurde.

Die gleiche Messung für die Filmaufgabe mit einem Turmwehr, dargestellt in Abb. 4.5, zeigt bei hohen Berieselungsdichten ebenfalls eine sehr gute Wiederholbarkeit der Messwerte. Bei niedrigen Berieselungsdichten können die Messungen jedoch sehr stark schwanken. Der qualitative Verlauf der Messergebnisse bleibt erhalten. Die Schwankungen des Abstandes der letzten sichtbaren Linie von der Filmaufgabe können insbesondere durch

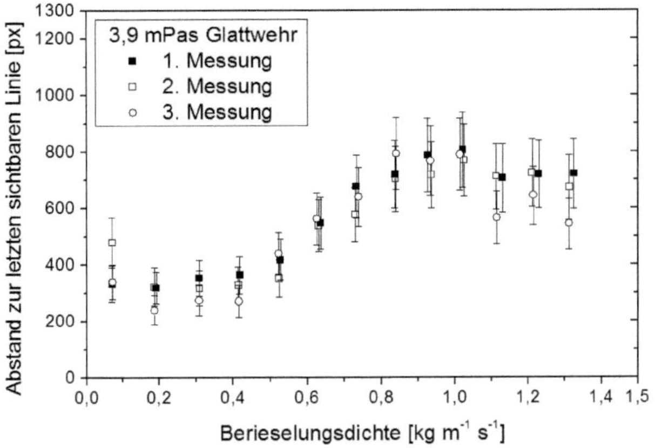

Abbildung 4.4: Ergebnisse der Wiederholungsmessungen für eine Viskosität von $\eta = 3{,}9\ mPa\,s$; Filmaufgabe: Glattwehr

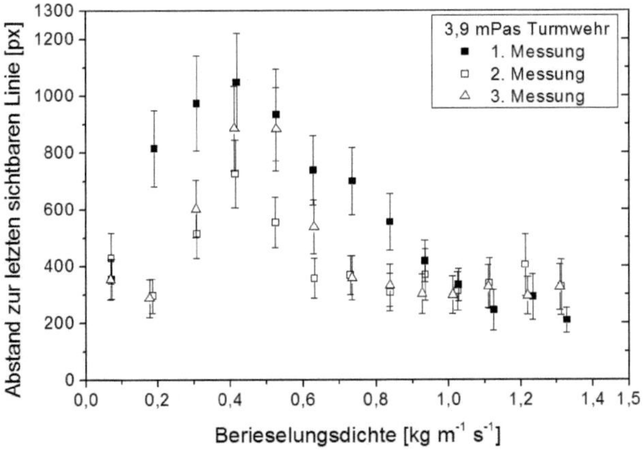

Abbildung 4.5: Ergebnisse der Wiederholungsmessungen für eine Viskosität von $\eta = 3{,}9\ mPa\,s$; Filmaufgabe: Turmwehr

Unebenheiten des Rohres an der Verbindungsstelle zum austauschbaren Überlauf verursacht werden. Sobald an der Innenseite durch das Aufsetzten des Überlaufs ein Spalt entsteht, werden hier Wellen erzeugt, die die Wiederholbarkeit der Messwerte besonders bei einem sehr glatten Film im oberen Abschnitt beeinträchtigen.

Weiterhin wurden stichprobenartig für Wasser die Werte der computergestützten Auswertung mit der Auswertung der Bilder durch unterschiedliche Beobachter verglichen. Dazu wurden von drei Beobachtern für drei Berieselungsdichten jeweils 30 Bilder beurteilt. Die Ergebnisse sind in Abbildung 4.6 dargestellt.

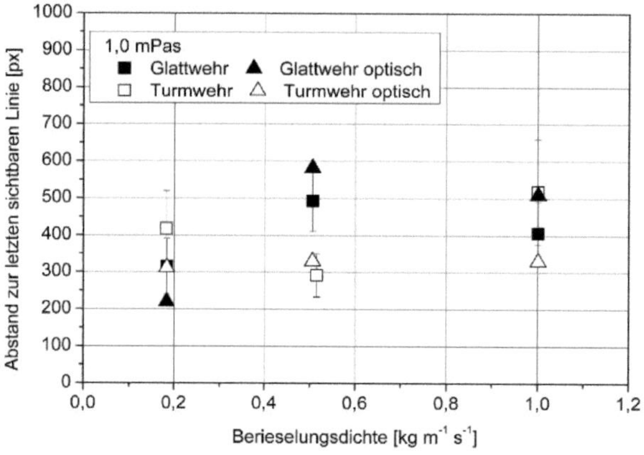

Abbildung 4.6: Vergleich der computergestützten Auswertung mit der optischen Beurteilung

Für alle Berieselungsdichten und für beide Filmaufgabesysteme ist die Übereinstimmung zwischen computergestützter Auswertung und der Auswertung durch unterschiedliche Beobachter sehr gut und liegt im Vertrauensbereichs der computergestützten Auswertung. Im Folgenden werden daher die Messdaten aus der computergestützten Auswertung verwendet.

5 Ergebnisse der experimentellen Untersuchungen

5.1 Messung des Wärmeübergangs

In den folgenden Kapiteln werden die experimentellen Ergebnisse der Wärmeübergangsmessungen vorgestellt. Zunächst sind die Messergebnisse mit Wasser gezeigt, die zur Kalibrierung der Anlage dienten. Danach folgen die Messergebnisse mit erhöhter Viskosität, durchgeführt mit Propylenglykol und Cyclohexanol. Dabei wird der Einfluss der beiden unterschiedlichen Filmaufgabesysteme beleuchtet. Dargestellt werden die experimentell ermittelte Nusselt-Zahl der Produktseite über der Reynolds-Zahl, um den Vergleich mit den in der Literatur angegebenen Korrelationen zu ermöglichen.

Die Messungen wurden bei konstanten Temperaturdifferenzen zwischen Heiz- und Produktseite von $3\ K \leq \Delta T \leq 25\ K$ abhängig vom Heizmedium durchgeführt. Wärmestromdichten von $1{,}8\ \frac{kW}{m^2} \leq \dot{q} \leq 27\ \frac{kW}{m^2}$ wurden gemessen. Ein Unterschied zwischen den Messergebnissen, der eindeutig auf eine Veränderung des Siedemechanismus von Oberflächensieden zu Blasensieden zurückzuführen wäre, konnte nicht festgestellt werden. Die Messungen unter Beibehaltung der Prandtl-Zahl wurden bei gleicher Reynolds-Zahl gemittelt dargestellt. Dabei wurde die Reynolds-Zahl am Zulauf verwendet. Die Abdampfraten und damit die Änderung der Reynolds-Zahl über die Lauflänge lag bei unter 5 % und wurde nicht berücksichtigt.

5.1.1 Kalibrierung mit Wasser

Für einen ersten Vergleich der experimentellen Ergebnisse mit Literaturdaten und zur Kalibrierung der Anlage wurden Messungen mit deionisiertem Wasser durchgeführt. Bei Prandtl-Zahlen von $Pr = 1{,}7$ (Abb. 5.1) und $Pr = 3$ (Abb. 5.2) wurden die produktseitigen Wärmeübergänge in Abhängigkeit von der Berieselungsdichte bzw. der Reynolds-Zahl für das Glattwehr bestimmt.

Für eine Prandtl-Zahl von $Pr = 1{,}7$ sind die Ergebnisse in Abb. 5.1 dargestellt. Die Beheizung erfolgte für diese Verdampfungstemperatur mit Chlorbenzol. Beginnend bei einer Reynolds-Zahl von $Re = 700$ verläuft der Wärmeübergang bis zu einer Reynolds-Zahl von $Re = 1020$ stabil. Diesem Bereich folgt ein Anstieg der Nusselt-Zahl bis zu einem Wert von $Nu = 0{,}22$ bei $Re = 2000$. Im Vergleich zur Korrelation nach VDI Wärmeatlas [Schnabel et al., 2006, Abschnitt Md] ist im Mittel ein etwas niedrigerer Wärmeübergang insbesondere bei $1300 \leq Re \leq 2200$ zu beobachten. Unter Berücksichtigung der

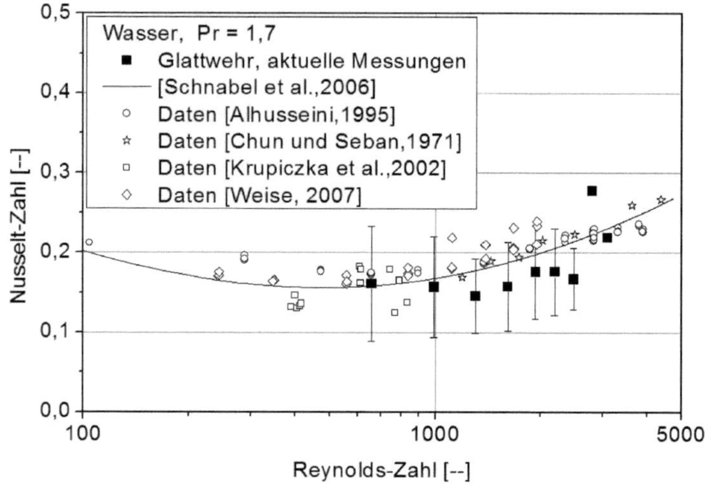

Abbildung 5.1: Messungen mit Wasser bei $Pr = 1{,}7$ ($T_S = 100\ °C$, $\eta = 0{,}28\ mPas$); Filmaufgabe: Glattwehr; Fehlerbalken: Standardabweichungen der Wiederholungsmessungen

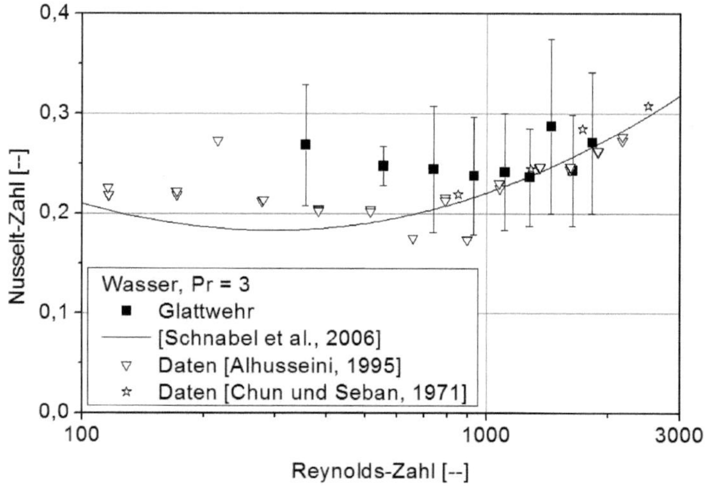

Abbildung 5.2: Messungen mit Wasser bei $Pr = 3$ ($T_S = 60\ °C$, $\eta = 0{,}47\ mPas$); Filmaufgabe: Glattwehr, Fehlerbalken: Standardabweichungen der Wiederholungsmessungen

Streuung der Messwerte ist jedoch eine zufriedenstellende Übereinstimmung mit der Korrelation zu sehen. Betrachtet man die ebenfalls gezeigten experimentellen Ergebnisse von Weise [Weise, 2007], Alhusseini [Alhusseini, 1995], und Krupiczka [Krupiczka et al., 2002], so zeigen sich ähnliche Abweichungen. Dies zeigt auch, dass der Wärmeübergang auf der Heizseite mit den Gleichungen zur Filmkondensation nach VDI Wärmeatlas [Müller et al., 2006, Abschnitt Ja] für Chlorbenzol berechnet werden kann.

Im Bereich von Reynolds-Zahlen von $350 \leq Re \leq 740$ ist für eine Prandtl-Zahl von $Pr = 3$ mit $Nu \approx 0{,}25$ ein höherer Wärmeübergang zu erkennen, als dies nach VDI Wärmeatlas zu berechnen ist (Abb. 5.2). Allerdings zeigen auch die Messdaten von Alhusseini eine gleiche Abweichung. Die Beheizung erfolgte hier mit Wasserdampf. Bei Reynolds-Zahlen $Re > 900$ beschreibt die Korrelation die aktuellen Messdaten gut. Insgesamt ist ein flacher Verlauf des Wärmeübergangs zu beobachten. Weiterhin ist fest zu halten, dass die Berechnung des Wärmeübergangs auf der Heizseite für die Filmkondensation von Wasser erwartungsgemäß gute Ergebnisse liefert.

5.1.2 Glattwehr

Mit dem Versuchsmedium Cyclohexanol wurden Messungen bei Prandtl-Zahlen von $45 \leq Pr \leq 155$ durchgeführt. Dies entspricht Verdampfungstemperaturen von $60\ °C \leq T_s \leq 100\ °C$ und Siededrücken von $13\ mbar \leq p_s \leq 128\ mbar$. Insgesamt gehen 374 Messpunkte in die Auswertung ein.

Die Ergebnisse für den produktseitigen Wärmeübergang, dargestellt in Form der Nusselt-Zahl bei ansteigender Reynolds-Zahl, für $Pr = 77$ sind in Abb. 5.3 für die Messungen mit dem Glattwehr dargestellt.

Bei Reynolds-Zahlen von $20 \leq Re \leq 200$ zeigt der Wärmeübergang im Vergleich zu anderen Korrelationen einen sehr flachen Verlauf bei einer Nusselt-Zahl von $Nu = 0{,}4$. Ab einer Reynolds-Zahl von $Re = 200$ beginnt ein stetiger Anstieg der Nusselt-Zahl. Bei $Re = 450$ ist eine Nusselt-Zahl von $Nu = 0{,}6$ erreicht.

Der Vergleich mit der Korrelation nach VDI Wärmeatlas [Schnabel et al., 2006, Abschnitt Md] zeigt, dass diese den experimentell gefundenen Wärmeübergang im gesamten Messbereich überschätzt. Von einer relativ kleinen Abweichung bei $Re = 20$ steigt die Abweichung bei steigender Reynolds-Zahl. Die Korrelation für Cyclohexanol nach Weise [Weise, 2007] kann die Messwerte weder qualitativ noch quantitativ beschreiben. Bei kleinen Reynolds-Zahlen wird die Nusselt-Zahl deutlich niedriger berechnet. Ab einer Reynolds-Zahl von $Re = 50$ kommt es in der berechneten Nusselt-Zahl zum deutlichen Anstieg. Dies führt dazu, dass ab einer Reynolds-Zahl von $Re = 80$ der Wärmeübergang zu hoch berechnet wird. Die Steigung liegt dabei deutlich über dem in den Messungen beobachteten Anstieg. Ein dritter Vergleich ist in Abb. 5.3 zur Korrelation von Alhusseini [Alhusseini, 1995] gegeben. Diese Korrelation bewertet den Wärmeübergang im gesamten

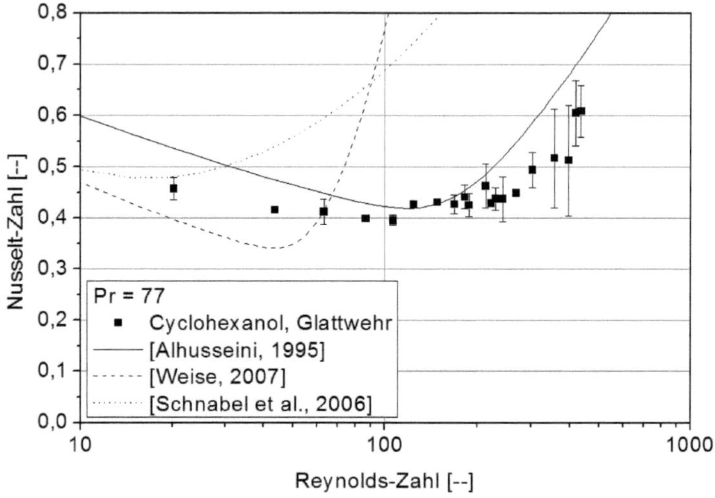

Abbildung 5.3: Messergebnisse für Cyclohexanol bei $Pr = 77$ ($T_s = 80$ °C, $\eta = 3{,}8\ mPas$); Filmaufgabe: Glattwehr; Fehlerbalken: Standardabweichung der Wiederholungsmessungen

Reynolds-Zahlen Bereich zu hoch. Bei Reynolds-Zahlen von $20 \leq Re \leq 100$ nähert sich die Korrelation leicht den Messwerten an, um ab $Re = 100$ kontinuierlich anzusteigen. Der Anstieg der Nusselt-Zahl ist zu den experimentellen Werten parallel zu niedrigeren Reynolds-Zahlen verschoben.

Der Einfluss der Prandtl-Zahl auf den Wärmeübergang ist in Abb. 5.4 für Cyclohexanol mit Prandtl-Zahlen von $45 \leq Pr \leq 77$ dargestellt.

Für alle Prandtl-Zahlen zeigen die Messungen bei niedrigen Reynolds-Zahlen einen Wärmeübergang zwischen $Nu = 0{,}4$ und $Nu = 0{,}46$. In diesem Bereich, in dem eine wellig laminare Strömung angenommen werden kann, ist kein Einfluss der Prandtl-Zahl auf den Wärmeübergang zu erkennen. Bei steigenden Reynolds-Zahlen ist im Bereich $100 \leq Re \leq 300$ zu sehen, dass sich die Messwerte bei unterschiedlichen Prandtl-Zahlen zunehmend unterscheiden. Die Messungen für $Pr = 58$ und $Pr = 77$ steigen in diesem Bereich an, wohingegen der Wärmeübergang bei $Pr = 45$ erst ab einer Reynolds-Zahl von $Re = 350$ zu steigen beginnt. Aufgrund der hohen Streuung der Messergebnisse für $Pr = 58$ sind die Wärmeübergänge für $Pr = 58$ und $Pr = 77$ im Anstieg nur bedingt zu unterscheiden. Allerdings wird - wie zu erwarten- eine Nusselt-Zahl von $Nu = 0{,}6$ mit sinkender Prandtl-Zahl erst bei höheren Reynolds-Zahlen erreicht.

Bei weiter steigender Prandtl-Zahl kann eine zunehmende Verschiebung des Anstiegs der Nusselt-Zahl zu höheren Reynolds-Zahlen beobachtet werden, siehe Abb. 5.5.

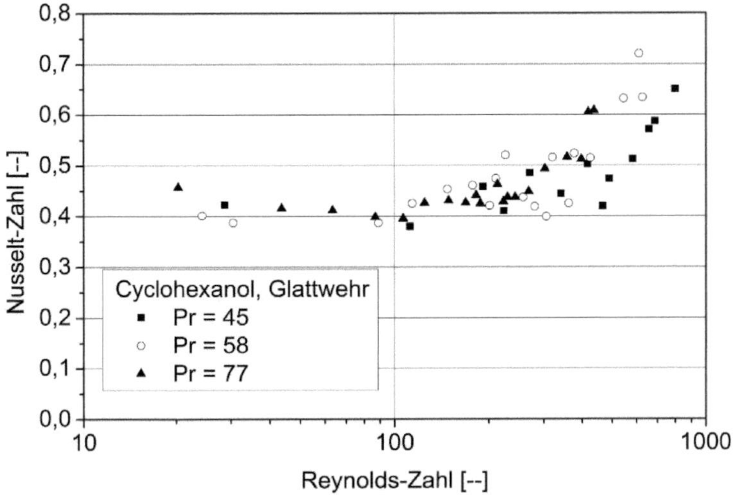

Abbildung 5.4: Messergebnisse für Cyclohexanol bei $45 \leq Pr \leq 77$ ($100\ °C \geq T_s \geq 80\ °C$, $1{,}99\ mPas \leq \eta \leq 3{,}8\ mPas$); Filmaufgabe: Glattwehr

Bei gleichem Verlauf im laminar-welligen Strömungsbereich kommt es für $Pr = 110$ zu einem Anstieg der Nusselt-Zahl ab $Re = 100$, bei $Pr = 129$ ist bereits ab $Re = 80$ die kontinuierliche Zunahme der Nusselt-Zahl erkennbar. Nur bei der höchsten gemessenen Prandtl-Zahl ist für die Filmaufgabe mit dem Glattwehr der Anstieg der Nusselt-Zahl bei steigender Reynolds-Zahl nicht zu beobachten, obwohl dies für $Re \geq 80$ zu erwarten gewesen wäre. Die Messergebnisse für $Pr = 155$ zeigen jedoch große Streuungen, die nicht durch den Anstieg der Reynolds-Zahl zu erklären sind. Für alle Prandtl-Zahlen ist zu bemerken, dass die bestehenden Korrelationen nach VDI, Alhusseini und Weise die Messergebnisse nicht zufriedenstellend beschreiben.

Die Messungen mit Propylenglykol wurden bei drei unterschiedlichen Prandtl-Zahlen zwischen $Pr = 40$ ($T_S = 100\ °C$, $\eta = 2{,}65\ mPas$) und $Pr = 59$ ($T_S = 80\ °C$, $\eta = 4{,}11\ mPas$) durchgeführt. Die ermittelten Nusselt-Zahlen aufgetragen über der Reynolds-Zahl für eine Prandtl-Zahl von $Pr = 59$, gemessen mit dem Glattwehr, sind in Abb. 5.6 dargestellt.

Beginnend bei einer Reynolds-Zahl von etwa $Re = 100$ ist zunächst ein sehr flacher Verlauf bei etwa $Nu = 0{,}32$ zu sehen. Zwischen $Re = 310$ und $Re = 370$ beginnt der Wärmeübergang kontinuierlich anzusteigen. Die maximale Nusselt-Zahl von $Nu = 0{,}45$ konnte bei einer Reynolds-Zahl von etwa $Re = 450$ erreicht werden. Messungen oberhalb

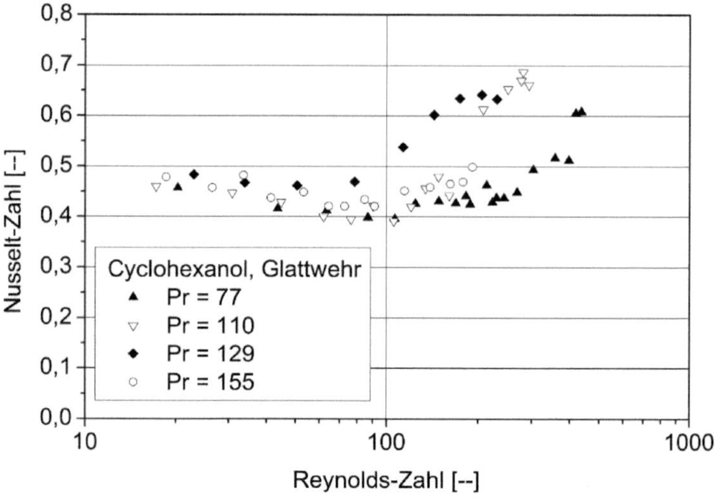

Abbildung 5.5: Messergebnisse für Cyclohexanol bei $77 \leq Pr \leq 155$ ($80\ °C \geq T_s \geq 60\ °C$, $3{,}8\ mPas \leq \eta \leq 8{,}2\ mPas$); Filmaufgabe: Glattwehr

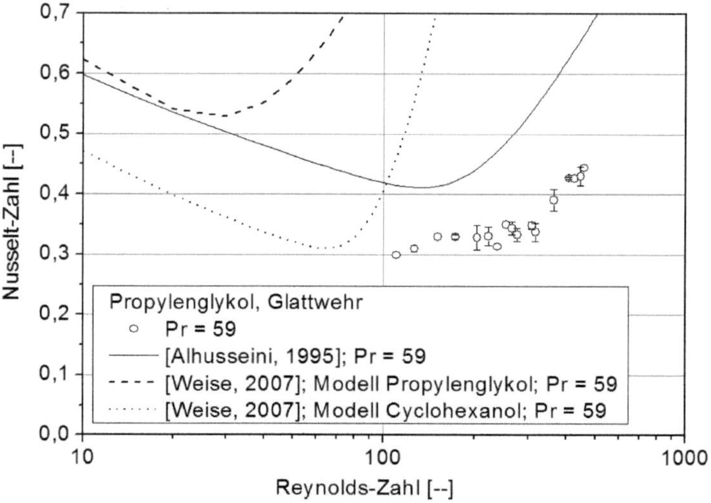

Abbildung 5.6: Messergebnisse für Propylenglykol bei $Pr = 59$ ($T_s = 80\ °C$, $\eta = 4{,}11\ mPas$); Filmaufgabe: Glattwehr; Fehlerbalken: Standardabweichungen der Wiederholungsmessungen

dieser Reynolds-Zahl konnten nicht durchgeführt werden, da eine Trennung von Dampf und Flüssigkeit im Sumpf der Anlage nicht mehr sicher gestellt werden konnte.

In Abb. 5.6 ist weiterhin der berechnete Wärmeübergang für Propylenglykol bei gleicher Prandtl-Zahl nach der Korrelation von Alhusseini [Alhusseini, 1995] gezeigt. Der Vergleich mit den vorgestellten experimentellen Daten zeigt, dass der Wärmeübergang bei allen Reynolds-Zahlen deutlich überschätzt wird. Bereits bei einer Reynolds-Zahl von etwa $Re = 200$ kommt es zum Anstieg der Nusselt-Zahl, welcher dem Umschlag in die turbulente Filmströmung zugeschrieben wird. Der Umschlag liegt signifikant verschoben zu kleineren Reynolds-Zahlen verglichen mit den gezeigten experimentellen Daten. Eine quantitative Beschreibung des Wärmeübergangs im turbulenten Strömungsbereich ist daher mit der Korrelation von Alhusseini [Alhusseini, 1995] hier nicht möglich.

Ein Vergleich zu der von Weise [Weise, 2007] entwickelten Korrelationen ist ebenfalls in Abb. 5.6 dargestellt. Da Weise stoffspezifische Korrelation entwickelte, werden hier die berechneten Werte mit den Korrelationen für Propylenglykol und Cyclohexanol angeführt. Der Vergleich zur Korrelation für Propylenglykol von Weise [Weise, 2007] zeigt, dass die Nusselt-Zahl durch die Korrelation deutlich höher berechnet wird und der Umschlag zum turbulenten Strömungsbereich im Vergleich zur Messung bei sehr viel niedrigeren Reynolds-Zahlen erwartet wird. Die Steigung der Nusselt-Zahl im Bereich hoher Reynolds-Zahlen kann durch die Korrelation nicht beschrieben werden. Die Korrelation nach Weise [Weise, 2007], die für das Medium Cyclohexanol entwickelt wurde, überschätzt den Wärmeübergang sehr deutlich. Der Umschlag zum turbulenten Strömungsbereich ist jedoch weniger stark zu niedrigeren Reynolds-Zahlen verschoben als dies bei der Korrelation für Propylenglykol der Fall ist. Im Minimum nähert sich die Kurve stark den gemessenen Werten an.

Sowohl die Korrelation nach Alhusseini [Alhusseini, 1995] als auch die Korrelation nach Weise für Propylenglykol [Weise, 2007] basieren auf Daten, die bei Prandtl-Zahlen bis zu $Pr = 47$ gemessen wurden. Der Vergleich der aktuellen Messungen bei $Pr = 40$, dargestellt in Abb. 5.7, zeigt, dass innerhalb dieses Messbereiches keine ausreichende Übereinstimmung erreicht werden konnte.

Beginnend bei einer Reynolds-Zahl von $Re = 200$ steigt der Wärmeübergang von $Nu = 0{,}3$ stetig und erreicht bei einer Reynolds-Zahl von $Re = 700$ die maximal gemessene Nusselt-Zahl von $Nu = 0{,}47$.

Im gesamten Bereich wird der Wärmeübergang von den Korrelationen nach Weise [Weise, 2007] und Alhusseini [Alhusseini, 1995] deutlich überschätzt. Bei der Korrelation nach Alhusseini ist insgesamt eine Verschiebung zu höheren Nusselt-Zahlen erkennbar. Bei hohen Reynolds-Zahlen ist eine stärkere Zunahme der Nusselt-Zahl zu erkennen. Für die Korrelation nach Weise, welche anhand von Messungen mit Propylenglykol ermittelt wurde, ist eine deutliche Verschiebung des Anstiegs zu niedrigeren Reynolds-Zahlen zu sehen. Hier ist bemerkenswert, dass mit der Korrelation, welche anhand von Messungen mit

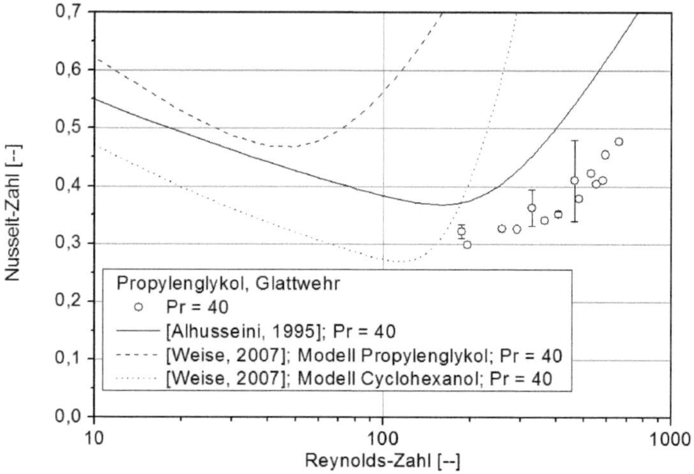

Abbildung 5.7: Messergebnisse für Propylenglykol bei $Pr = 40$ ($T_s = 100\ °C$, $\eta = 2{,}65\ mPas$); Filmaufgabe: Glattwehr; Fehlerbalken: Standardabweichungen der Wiederholungsmessungen

Cyclohexanol von Weise entwickelt wurde, ebenfalls ein deutlich früherer Umschlag zur turbulenten Strömung berechnet wird. Bei Reynolds-Zahlen wenig über $Re = 200$ nähert sich die Kurve den gemessenen Werten stark an.

In Abbildung 5.8 ist der Wärmeübergang bei der Fallfilmverdampfung von Propylenglykol bei Prandtl-Zahlen von $40 \leq Pr \leq 59$ zusammengefasst. Bei niedrigen Reynolds-Zahlen sind die Schwankungen zwischen den unterschiedlichen Verdampfungstemperaturen und damit zwischen unterschiedlichen Prandtl-Zahlen im Bereich der Messunsicherheit. Der dimensionslose Wärmeübergang bei steigender Prandtl-Zahl ist hier als stabil zu bezeichnen. Erst bei Reynolds-Zahlen über $Re = 310$ sind die Wärmeübergänge signifikant unterschiedlich, da für die höchste Prandtl-Zahl der turbulente Strömungsbereich beginnt. Die Unterschiede zwischen den verschiedenen Prandtl-Zahlen sind jedoch mit maximal $\Delta Nu = 0{,}08$ gering. Prozentual betrachtet liegt der Unterschied jedoch bei $\frac{\Delta Nu}{Nu} = 25\ \%$ deutlich über dem, was nach Alhusseini mit $\frac{\Delta Nu}{Nu} = 14{,}5\ \%$ erwartet wird.

Ein direkter Vergleich der beiden viskosen Medien bei ähnlicher Prandtl-Zahl für Messungen mit dem Glattwehr ist in den Abb. 5.9 und Abb. 5.10 gezeigt.

Für eine Prandtl-Zahl von $Pr \approx 47$, Abb. 5.9, ist zu erkennen, dass sich der Wärmeübergang für Cyclohexanol und Propylenglykol bei Reynolds-Zahlen von $100 \leq Re \leq 400$ zunächst deutlich unterscheidet. Die Kurven verlaufen in diesem Bereich annähernd parallel. Ab einer Reynolds-Zahl von $Re = 400$ beginnt die Kurve für die Verdampfung von

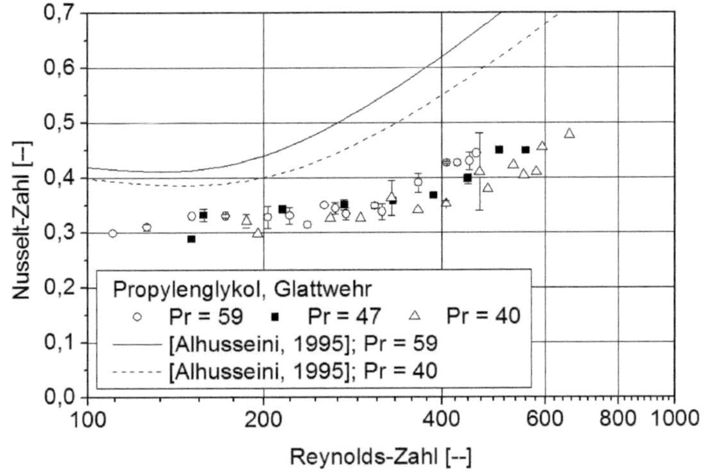

Abbildung 5.8: Messergebnisse für Propylenglykol $40 \leq Pr \leq 59$ ($100\,°C \geq T_s \geq 80\,°C$, $2{,}65\,mPas \leq \eta \leq 4{,}11\,mPas$); Filmaufgabe: Glattwehr; Fehlerbalken: Standardabweichungen der Wiederholungsmessungen

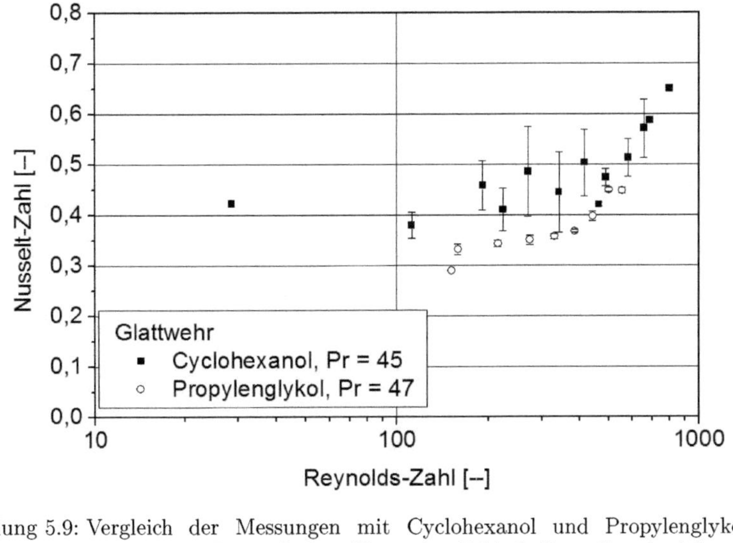

Abbildung 5.9: Vergleich der Messungen mit Cyclohexanol und Propylenglykol bei $Pr \approx 47$; Filmaufgabe: Glattwehr; Fehlerbalken: Standardabweichungen der Wiederholungsmessungen

Propylenglykol anzusteigen, wodurch sich die Kurven annähern. Kurz darauf beginnt die Kurve für die Verdampfung von Cyclohexanol anzusteigen. Beide Kurven münden in der gleichen Steigung, die einen ähnlichen Verlauf im turbulenten Bereich vermuten lässt.

Entsprechende Beobachtungen sind für eine Prandtl-Zahl von $Pr \approx 59$, Abb. 5.10, zu machen.

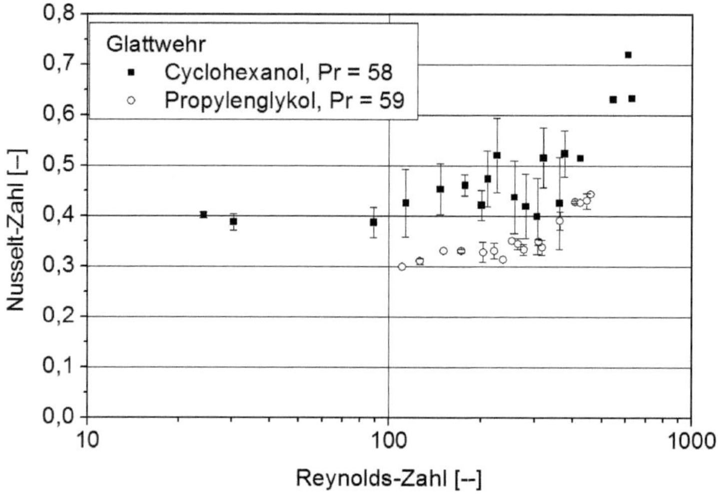

Abbildung 5.10: Vergleich der Messungen mit Cyclohexanol und Propylenglykol bei $Pr \approx 59$; Filmaufgabe: Glattwehr; Fehlerbalken: Standardabweichungen der Wiederholungsmessungen

Die Wärmeübergänge für die beiden viskosen Medien verlaufen in einem Bereich zwischen $Re = 100$ und $Re = 200$ nahezu parallel, wobei für Cyclohexanol ein höherer Wärmeübergang zu erkennen ist. Bei weiter steigender Reynolds-Zahl folgt der Anstieg des Wärmeübergangs für beide Medien. Eine gleichstarke Annäherung der Kurven, wie bei der Prandtl-Zahl von $Pr \approx 47$ zu sehen ist kann aufgrund der hohen Streuung der Messwerte für Cyclohexanol in diesem Bereich nur schwer beobachtet werden.

Die Ergebnisse für das Glattwehr zeigen, dass keine der in der Literatur veröffentlichten Korrelationen eine qualitative und quantitative Beschreibung der Ergebnisse ermöglicht. Auffällig ist, dass durch alle Korrelationen der Wärmeübergang zu hoch berechnet wird, was bei der Auslegung der Fallfilmverdampfer zu einer Unterdimensionierung des Verdampfers führen kann. Da zu beiden vermessenen viskosen Medien, Cyclohexanol und Propylenglykol, Korrelationen verglichen wurden, die auf experimentellen Ergebnissen mit den gleichen Medien basieren, ist der Grund für die Abweichungen in der Geometrie der Anlage zu suchen.

Bei einem Vergleich der Anlagenkonfiguration von Alhusseini [Alhusseini, 1995] mit der aktuell verwendeten Anlage liegen die Unterschiede in der Filmaufgabe durch einen Ringspalt, der elektrischen Beheizung sowie der Position des Filmes auf der Außenseite des Rohres. Bei einem außen berieselten Rohr kommt es zu einem konvexen Film und zu einem anderen Radius des Filmes. Braun et. al. [Braun et al., 1971] vermuteten, dass Unterschiede in der Fluiddynamik zwischen den eigenen Messergebnissen und den Messergebnissen von Brauer [Brauer, 1956] auf den unterschiedlichen Rohrdurchmessern und die entgegengesetzte Krümmung zurückzuführen sein könnten. Sie beobachteten im Gegensatz zu Brauer keine Schwallfronten, die über den gesamten Rohrumfang geschlossen waren.

Der Vergleich der Beheizung der beiden Anlagenkonfigurationen zeigt, dass die Beheizung bei Alhusseini [Alhusseini, 1995] als gleichmäßiger über die Länge anzusehen ist. Durch die Dampfbeheizung ist zwar die Temperatur über die Länge des Rohres sehr konstant, die sich bildende Kondensatfilmdicke kann jedoch den Wärmeübergang an das Innenrohr beeinflussen. Kleinere Abweichungen zwischen den Messungen von Alhusseini und den hier vorliegenden Messergebnissen könnten daher darauf zurück zu führen sein, dass der Wärmeübergang auf der Heizseite als über die Länge konstant angenommen wird und nicht ortsaufgelöst berechnet wird. Die Unterschiede zu Weise [Weise, 2007] sind hierdurch jedoch nicht zu erklären, da auch dort mit Dampf aus einem Siedethermostaten beheizt wurde.

Darüber hinaus ist die durchströmte Fläche, welche dem Dampf zu Verfügung steht, bei Alhusseini deutlich größer. Die freie Querschnittsfläche unter Vernachlässigung der Filmdicke liegt bei Alhusseini bei $A = 0{,}068\ m^2$, wohingegen im vorliegenden Fall eine Fläche von $A = 0{,}0028\ m^2$ zu Verfügung steht. Dies führt hier zu Dampfreynolds-Zahlen am Rohraustritt von maximal $Re = 12000$. Eine Beeinflussung des Filmes durch strömenden Dampf führt bei der Fallfilmverdampfung mit Film und Dampf im Gleichstrom jedoch zu einer Verbesserung des Wärmeübergangs. Arbeiten dazu führte Papendieck durch [Papendieck, 1984]. Im vorliegenden Fall ist aber eine Verschlechterung des Wärmeübergangs gegenüber der Arbeit von Alhusseini zu beobachten. Damit können die Unterschiede nicht auf eine Beschleunigung des Films durch den Dampf zurückgeführt werden.

Der Vergleich zur Anlage von Weise [Weise, 2007] zeigt, dass ein Turmwehr verwendet wurde, die Rohrlänge mit $l = 1{,}14\ m$ deutlich kürzer war und ein Verdampferrohr aus Borosilikatglas 3.3 verwendet wurde. Ein Unterschied aufgrund unterschiedlicher Rauheiten ist jedoch nicht zu erwarten, da die Oberfläche des Glasrohres laut Hersteller an die Rauheit technisch glatter Rohre angepasst wurde. Über die Benetzungseigenschaften des Glasrohres liegen keine Informationen vor. Die Filmaufgabe ist für beide Vergleiche als mögliche Einflussgröße zu identifizieren und kann eine erhöhte Welligkeit erzeugen. Diese erhöhte Welligkeit erzeugt insbesondere bei hohen Reynolds-Zahlen einen verbesserten Wärmeübergang.

Die Unterschiede zwischen den beiden Medien zeigen, dass hier ein Stoffeinfluss vorliegt. Betrachtet man die Variation der Oberflächenspannung, die oftmals auch für die Modellierung im laminaren bzw. laminar-welligen Bereich herangezogen wird, so wird deutlich, dass diese nicht die Ursache für den erhöhten Wärmeübergang bei Cyclohexanol sein kann. Tabelle 5.1 zeigt die Oberflächenspannungen für Cyclohexanol und Propylenglykol bei $Pr = 47$, $Pr = 59$ und für Cyclohexanol auch für $Pr = 110$, berechnet nach VDI Wärmeatlas [Kleiber et al., 2006, Abschnitt Da].

Tabelle 5.1: Änderung der Oberflächenspannung bei Propylenglykol und Cyclohexanol bei gleicher Prandtl-Zahl

Stoff	Prandtl-Zahl[–]	Kapitza-Zahl [–]	Oberflächen-spannung $[\frac{kg}{s^2}]$	Änderung der Oberflächenspannung [%]
Cyclohexanol	44	$1{,}1 \cdot 10^{-8}$	0,0254	Referenz
Propylenglykol	47	$4{,}4 \cdot 10^{-8}$	0,0289	13,8
Cyclohexanol	108	$4{,}1 \cdot 10^{-7}$	0,0286	12,6
Cyclohexanol	57	$3{,}0 \cdot 10^{-8}$	0,0265	Referenz
Propylenglykol	59	$1{,}0 \cdot 10^{-7}$	0,03	13,2

Bei dem Vergleich der Wärmeübergänge für Cyclohexanol für $Pr = 47$ und $Pr = 110$ ist ein Einfluss der Oberflächenspannung auf den Wärmeübergang nicht zu erkennen. Weiterhin ist die prozentuale Änderung der Oberflächenspannung für $Pr = 47$ und $Pr = 59$ nahezu gleich. Das unterschiedliche Verhalten bei diesen beiden Prandtl-Zahlen kann daher so nicht erklärt werden. Die Änderung der Kapitza-Zahl ist in diesem Bereich zwar hoch, dies ist jedoch hauptsächlich der starken Änderung der Viskosität zuzuschreiben.

Die Änderung der Oberflächenspannung ist für beide organischen Medien bei steigender Siedetemperatur in diesem Druckbereich sehr gering. Für eine Untersuchung des Einflusses der Oberflächenspannung auf den Wärmeübergang ist eine größere Variation der Oberflächenspannung nötig. Fraglich ist jedoch, ob dies zu erreichen ist ohne die Viskosität ebenfalls deutlich zu ändern.

5.1.3 Turmwehr

Im Folgenden sind die experimentellen Ergebnisse vorgestellt, die mit der Filmaufgabe „Turmwehr“ erzielt wurden. Zunächst werden die Messergebnisse mit Wasser bei einer

Verdampfungstemperatur von Pr = 1,7 (T_S = 100 °C) dargestellt und mit den Ergebnissen für das Glattwehr verglichen. Die Betrachtung der Verdampfung von Cyclohexanol und Propylenglykol folgt anschließend.

Die Nusselt-Zahlen aufgetragen über den Reynolds-Zahlen für die Verdampfung von Wasser bei Pr = 1,7 mit der Filmaufgabe durch das Turmwehr sind in Abb. 5.11 gezeigt.[1]

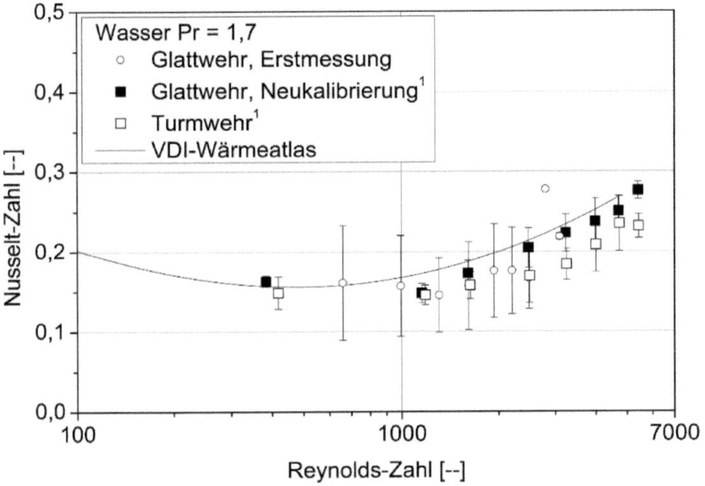

Abbildung 5.11: Messergebnisse für Wasser, Pr = 1,7 (T_S = 100 °C, η = 0,28 $mPa\,s$); Vergleich der Filmaufgabesysteme; Fehlerbalken: Standardabweichung der Wiederholungsmessungen

Bis zu einer Reynolds-Zahl von Re = 2500 ist ein nahezu konstanter Wärmeübergang mit einer Nusselt-Zahl von etwa Nu = 0,16 feststellbar. Ein leichter Anstieg der Nusselt-Zahl folgt bei weiter steigenden Reynolds-Zahlen.

Im Bereich zwischen 1600 $\leq$ Re $\leq$ 4700 ist ein etwas niedrigerer Wärmeübergang zu beobachten, als bei der Filmaufgabe durch das Glattwehr zu beobachten war. Unter Berücksichtigung der Streuung der Messwerte, dargestellt durch die Fehlerbalken, sind diese Abweichungen vernachlässigbar. Ein signifikanter Einfluss des Turmwehrs auf den Wärmeübergang bei der Verdampfung von Wasser bei Pr = 1,7 ist nicht zu erkennen.

[1] Bei der Messung des produktseitigen Wärmeübergangs für Wasser bei Pr = 1,7 (T_S = 100 °C) und der Filmaufgabe mittels Turmwehr wurde ein Foulingwiderstand von $1{,}5 \cdot 10^{-4}$ m^2KW^{-1} eingesetzt, da ein Medienwechsel auf der Heizseite einen erhöhten Wärmedurchgangswiderstand verursachte. Der Wert wurde durch eine Vergleichsmessung mit dem Glattwehr (Neukalibrierung) ermittelt.

Abbildung 5.12 zeigt die Auswirkung des Einsatzes eines Turmwehres zur Filmaufgabe auf den Wärmeübergang von Cyclohexanol bei einer Prandtl-Zahl von Pr = 77.

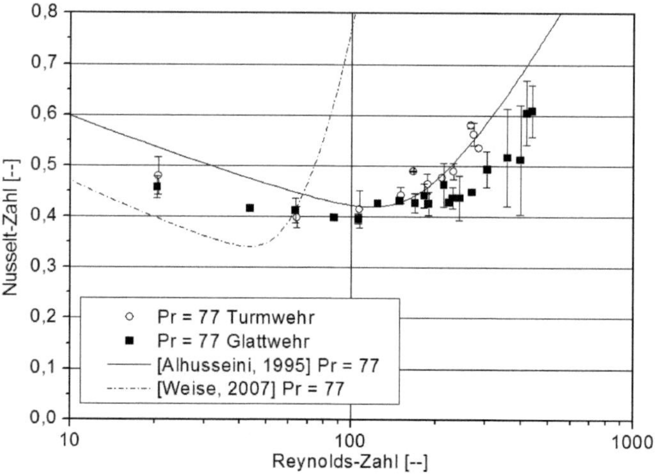

Abbildung 5.12: Messergebnisse Cyclohexanol bei $Pr = 77$ ($T_s = 80\ °C$, $\eta = 3{,}8\ mPa\,s$); Vergleich der Filmaufgabesysteme; Fehlerbalken: Standardabweichung der Wiederholungsmessungen, vgl. [Arndt et al., 2011]

Bei Reynolds-Zahlen von $20 \leq Re \leq 200$ beträgt der Wärmeübergang etwa $Nu = 0{,}4$ und stimmt gut mit den Messwerten für die Filmaufgabe durch das Glattwehr überein. Ab $Re = 200$ jedoch beginnt der Wärmeübergang stärker anzusteigen als bei der Filmaufgabe durch das Glattwehr. Besonders zu beachten ist die Übereinstimmung der Messergebnisse für das Turmwehr mit der Korrelation nach Alhusseini. Diese lässt den Schluss zu, dass durch das Turmwehr eine erhöhte Welligkeit bzw. Turbulenz erzeugt werden kann, die zu einem erhöhten Wärmeübergang führt. Der Vergleich mit dem Modell nach Weise zeigt, dass der Anstieg der Nusselt-Zahl bei $Re = 50$ nicht erreicht wird.

Bei Prandtl-Zahlen $45 \leq Pr \leq 77$ ist beim Turmwehr nur ein geringer Unterschied im dimensionslosen Wärmeübergang zu sehen, siehe Abb. 5.13.

Im Bereich niedriger Reynolds-Zahlen ($20 \leq Re \leq 100$) ist kein Einfluss der Prandtl-Zahl zu erkennen. Für alle Prandtl-Zahlen steigt der dimensionslose Wärmeübergang ab $Re = 100$ stetig an. Eine Verschiebung des Umschlages zu höheren Reynolds-Zahlen mit sinkender Prandtl-Zahl ist nicht erkennbar. Eine geringere Streuung der Messwerte im Vergleich zum Glattwehr ist zu beobachten, vgl. Abb. 5.4.

Für weiter steigende Prandtl-Zahlen, dargestellt in Abb. 5.14, ist für $77 \leq Pr \leq 110$ ein signifikanter Unterschied mit einer Verschiebung des Anstiegs zu niedrigeren Reynolds-

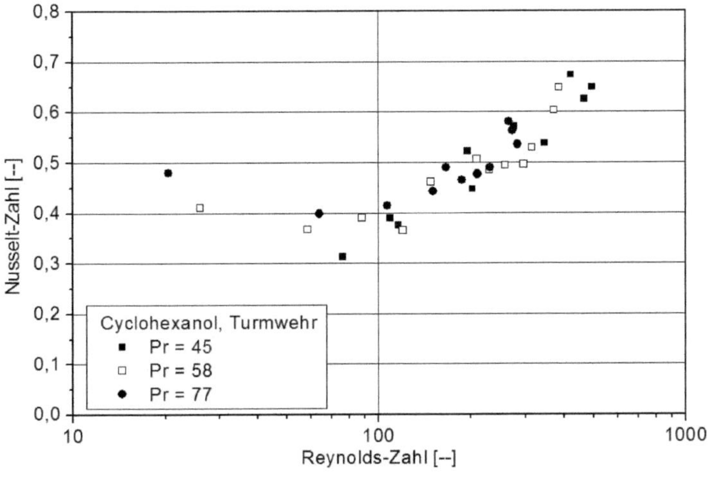

Abbildung 5.13: Messergebnisse für Cyclohexanol bei $45 \leq Pr \leq 77$ ($100\ °C \geq T_s \geq 80\ °C$, $1{,}99\ mPa\,s \leq \eta \leq 3{,}8\ mPa\,s$); Filmaufgabe: Turmwehr

Zahlen erkennbar. Der Unterschied zwischen $Pr = 110$ und $Pr = 129$ ist nicht eindeutig von der Streuung der Messwerte zu trennen, wohingegen die Kurve der höchsten Prandtl-Zahl von $Pr = 155$ klar von den Kurven der anderen Prandtl-Zahlen abzugrenzen ist. Deutlich wird, dass die Veränderung der Nusselt-Zahl bei steigender Prandtl-Zahl durch den Einsatz des Turmwehrs beeinflusst wird.

Ersichtlich wird dies auch bei einem Vergleich der Messdaten für das Glattwehr und das Turmwehr bei den untersuchten Prandtl-Zahlen, siehe Abb. 5.15. Für eine Prandtl-Zahl von $Pr = 45$, Abb. 5.15(a), sind die Kurven mit unterschiedlichem Filmaufgabesystemen gut zu unterscheiden. Für das Turmwehr ist der dimensionslose Wärmeübergang bei Reynolds-Zahlen von $Re \geq 200$ größer als beim Glattwehr. Dabei ist die Steigung im Bereich des Anstiegs für beide Filmaufgaben gleich.

Schwieriger ist die Unterscheidung für $Pr = 58$, Abb. 5.15(b), was der hohen Streuung der Messwerte für das Glattwehr zuzuschreiben ist. Der Anstieg des Wärmeübergangs ist für das Turmwehr ab einer Reynolds-Zahl von $Re = 110$ zu erkennen, wohingegen ein konstanter Anstieg für das Glattwehr erst bei $Re = 300$ zu beobachten ist. Die Messungen für $Pr = 77$, Abb. 5.15(c), sind ebenfalls gut zu unterscheiden - auch hier liegen die Messungen für das Turmwehr ab einer Reynolds-Zahl von $Re = 200$ kontinuierlich über den Messwerten für das Glattwehr. Für eine Prandtl-Zahl von $Pr = 110$, Abb. 5.15(d), ist kein Unterschied zwischen den beiden Filmaufgaben erkennbar.

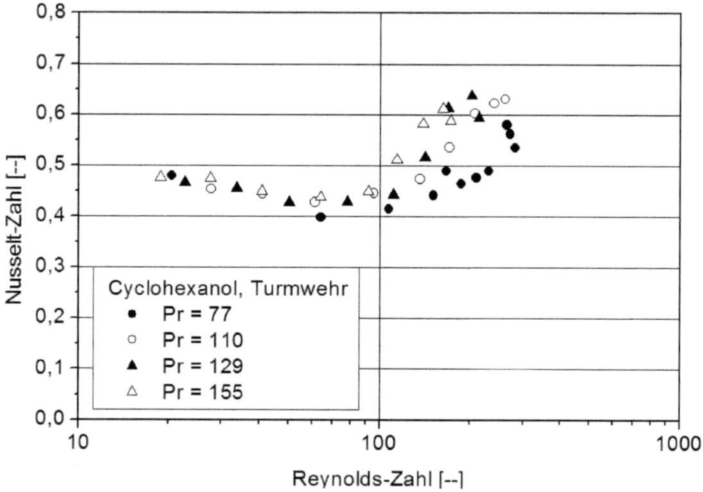

Abbildung 5.14: Messergebnisse für Cyclohexanol bei $77 \leq Pr \leq 155$ ($80\,°C \leq T_s \leq 60\,°C$, $3{,}8\,mPa\,s \leq \eta \leq 8{,}2\,mPa\,s$); Filmaufgabe: Turmwehr

Bei einer Prandtl-Zahl von $Pr = 129$, Abb. 5.15(e), ist zwischen $Re = 100$ und $Re = 200$ ein höherer Wärmeübergang für das Glattwehr zu beobachten. Bei $Pr = 155$, Abb. 5.15(f), ist jedoch wieder für das Turmwehr ein erhöhter Wärmeübergang im höchsten messbaren Reynolds-Zahlenbereich zu sehen. Hierbei ist jedoch zu beachten, dass das Verhalten bei der Betrachtung der Abhängigkeit des Wärmeübergangs von der Prandtl-Zahl für das Glattwehr als ungewöhnlich einzustufen ist, da für das Glattwehr bei dieser Prandtl-Zahl kein Umschlag zu einem turbulenten Film feststellbar war.

Die Messungen wurden mit dem Turmwehr zur Filmaufgabe mit Propylenglykol als Produktmedium für Prandtl-Zahlen $40 \leq Pr \leq 58$ wiederholt. Die Ergebnisse für eine Prandtl-Zahl von $Pr = 40$ sind in Abb. 5.16 dargestellt.

Bei einer Reynolds-Zahl von $Re = 70$ wurde eine Nusselt-Zahl von $Nu = 0{,}3$ gemessen. Mit ansteigenden Reynolds-Zahlen erhöht sich der Wert des dimensionslosen Wärmeübergangs und erreicht bei einer Reynolds-Zahl von $Re = 700$ einen Wert von $Nu = 0{,}5$. Der Übergang von der laminar-welligen Strömung zur turbulenten Strömung ist nicht eindeutig identifizierbar. Wie auch für das Glattwehr sind die Ergebnisse mit bestehenden Korrelationen nicht zufriedenstellend beschreibbar.

Durch die Korrelation von Weise [Weise, 2007] für Propylenglykol werden deutlich höhere Werte berechnet als experimentell ermittelt werden konnten. Die Korrelation von Weise für Cyclohexanol zeigt bei niedrigen Reynolds-Zahlen Übereinstimmungen, kann jedoch

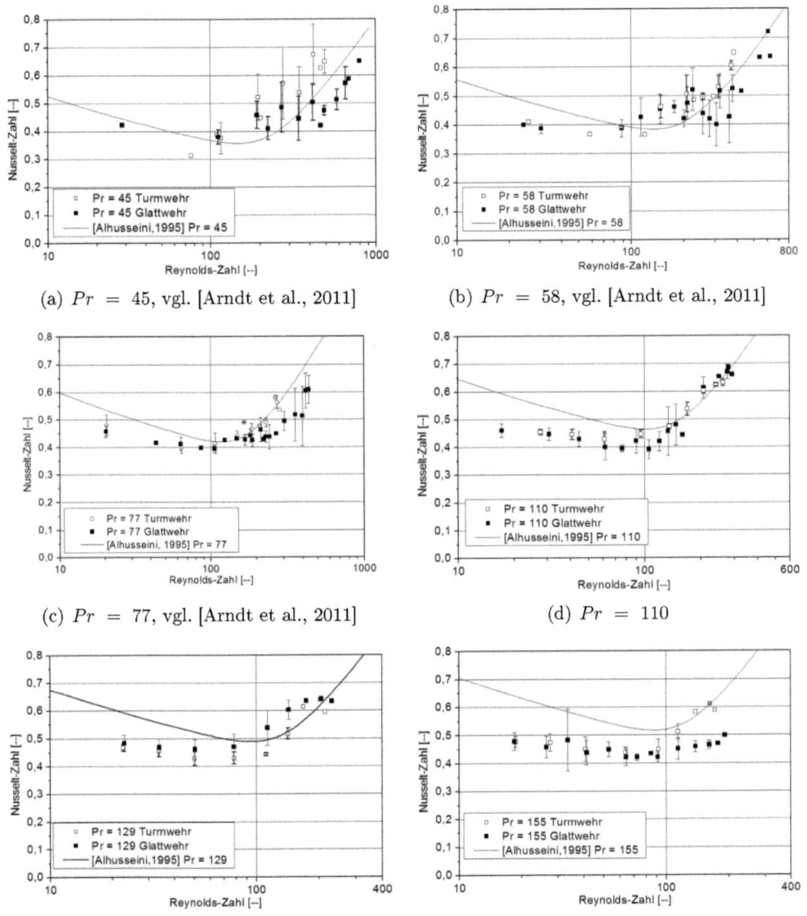

(a) $Pr = 45$, vgl. [Arndt et al., 2011]

(b) $Pr = 58$, vgl. [Arndt et al., 2011]

(c) $Pr = 77$, vgl. [Arndt et al., 2011]

(d) $Pr = 110$

(e) $Pr = 129$

(f) $Pr = 155$

Abbildung 5.15: Messergebnisse für Cyclohexanol bei $45 \leq Pr \leq 155$ ($100\ °C \geq T_s \geq 60\ °C$, $1{,}99\ mPa\,s \leq \eta \leq 8{,}2\ mPa\,s$); Vergleich der Filmaufgabesysteme; Fehlerbalken: Standardabweichung der Wiederholungsmessungen

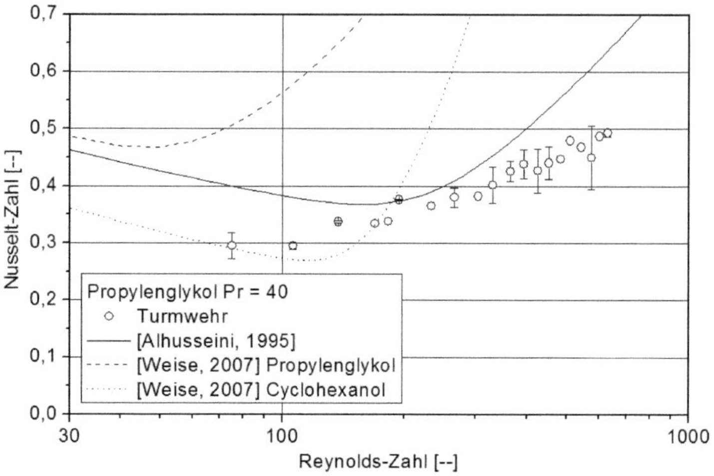

Abbildung 5.16: Messergebnisse für Propylenglykol bei $Pr = 40$ ($T_s = 100\ °C$, $\eta = 2{,}65\ mPa\,s$); Filmaufgabe: Turmwehr; Fehlerbalken: Standardabweichungen der Wiederholungsmessungen

den Anstieg der Nusselt-Zahl nicht beschreiben. Der Anstieg ist bei dieser Korrelation im Vergleich zu den experimentellen Daten zu niedrigeren Reynolds-Zahlen verschoben und deutlich steiler. Bei Reynolds-Zahlen von $120 \leq Re \leq 300$ übertrifft die Korrelation nach Alhusseini [Alhusseini, 1995] den gemessenen Wärmeübergang nur wenig. Im weiteren Verlauf ist jedoch ein steilerer Anstieg in den berechneten Werten zu beobachten und der experimentell ermittelte Wärmeübergang liegt erheblich niedriger als der berechnete.

In Abb. 5.17 ist dargestellt, wie sich der Wärmeübergang für Prandtl-Zahlen von $40 \leq Pr \leq 59$ verhält, wenn der Film durch das Turmwehr aufgegeben wird.

Nusselt-Zahlen von $0{,}29 \leq Nu \leq 0{,}5$ wurden ermittelt. Hierbei zeigten sich kaum Unterschiede bei ansteigender Prandtl-Zahl. Ein Anstieg der Nusselt-Zahl bei steigender Prandtl-Zahl, der für die Messungen mit dem Glattwehr noch auszumachen war, ist auch im hohen Reynolds-Zahlenbereich nur ansatzweise zu erkennen, die Unterschiede zwischen den Messreihen liegen nur wenig oberhalb des Streubereichs der Messungen.

Für $Pr = 59$ ist bei Reynolds-Zahlen $Re \leq 100$ der laminar-wellige Strömungsbereich erkennbar. Bei Reynolds-Zahlen $Re > 100$ steigt der Wärmeübergang kontinuierlich an. Für Prandtl-Zahlen $Pr \leq 59$ ist für den Wärmeübergang kein Umschlag zwischen den Strömungsbereichen erkennbar. Für $Pr = 47$ zeigt die Korrelation nach Alhusseini [Alhusseini, 1995] im Bereich von $140 \leq Re \leq 320$ eine gute Übereinstimmung mit den experimentellen Daten. Die Form der gesamten Kurve kann die Daten jedoch weiterhin

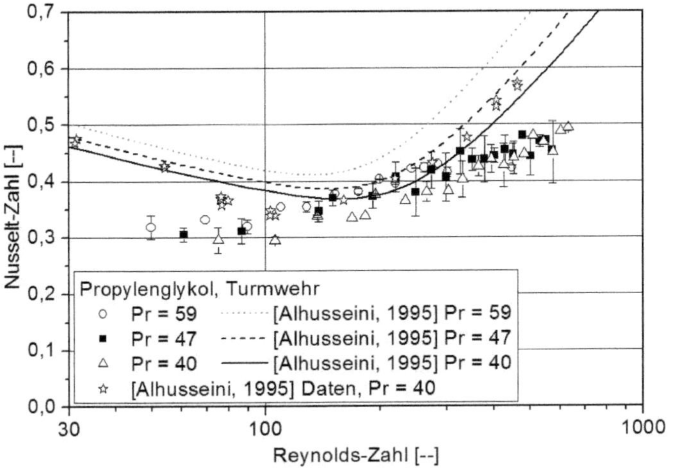

Abbildung 5.17: Messergebnisse für Propylenglykol $40 \leq Pr \leq 59$ ($100\ °C \geq T_s \geq 80\ °C$, $2{,}65\ mPa\,s \leq \eta \leq 4{,}11\ mPa\,s$); Filmaufgabe: Turmwehr; Fehlerbalken: Standardabweichungen der Wiederholungsmessungen

nicht beschreiben. Bezieht man die Messwerte von Alhusseini [Alhusseini, 1995] mit ein, so ist zu beobachten, dass der Bereich über $Re = 320$ nur mit wenigen Messdaten belegt ist. Bei Reynolds-Zahlen zwischen $Re = 140$ und $Re = 370$ stimmen die Messungen bei Alhusseini [Alhusseini, 1995] sehr gut mit den hier vorliegenden Ergebnissen überein.

Der Einfluss der Filmaufgabe bei der Verdampfung von Propylenglykol auf den Wärmeübergang bei unterschiedlichen Prandtl-Zahlen ist in Abb. 5.18 dargestellt.

Für alle drei vermessenen Verdampfungstemperaturen ist ein Unterschied zwischen Turmwehr und Glattwehr insbesondere bei mittleren Reynolds-Zahlen zu beobachten. Bei der höchsten Reynolds-Zahl werden unabhängig vom Filmaufgabesystem ähnliche Nusselt-Zahlen ermittelt. Bei dem Einsatz des Turmwehres kommt es zu einer geringeren Steigung in diesem Bereich als beim Einsatz des Glattwehres. Für $Pr = 40$ ist der erhöhte Wärmeübergang bei Verwendung des Turmwehres besonders im Bereich von $200 \leq Re \leq 700$ zu erkennen, für $Pr = 47$ ist bereits bei $Re = 120$ der Wärmeübergang für das Turmwehr leicht erhöht. Bei einer Reynolds-Zahl von $Re = 500$ stimmen die Wärmeübergänge für beide Filmaufgaben überein. Bei einer Prandtl-Zahl von $Pr = 59$ ist ebenfalls bereits bei einer Reynolds-Zahl von $Re = 100$ ein erhöhter Wärmeübergang für das Turmwehr zu sehen. Der Wärmeübergang bei $Re = 450$ ist wiederum zwischen Turmwehr und Glattwehr nicht mehr zu unterscheiden. Damit wird deutlich, dass der Einfluss des Turmwehres

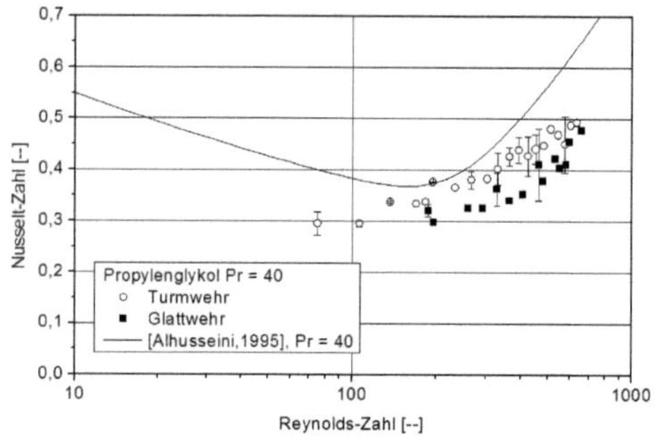

(a) Pr = 40

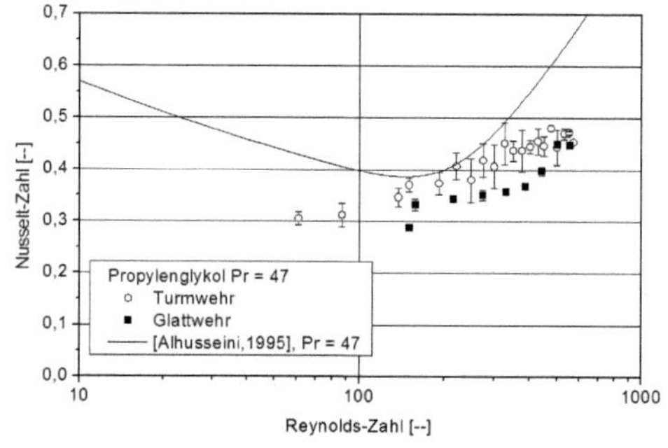

(b) Pr = 47

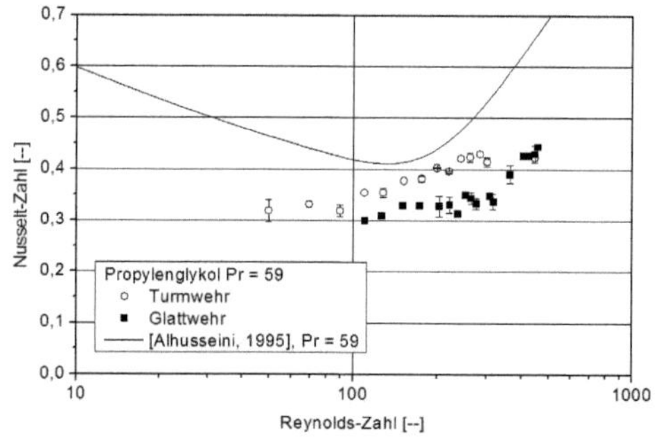

(c) Pr = 59

Abbildung 5.18: Messergebnisse für Propylenglykol $40 \leq Pr \leq 59$ ($100\ °C \geq T_s \geq 80\ °C$, $2{,}65\ mPa\,s \leq \eta \leq 4{,}11\ mPa\,s$); Vergleich der Filmaufgabesysteme; Fehlerbalken: Standardabweichungen der Wiederholungsmessungen

auch bei ansteigender Reynolds-Zahl nicht konstant ist. Ein erhöhter Wärmeübergang ist nur in einem mittleren Reynolds-Zahlenbereich zu beobachten.

Abbildungen 5.19 und 5.20 zeigen den direkten Vergleich der Messergebnisse für Propylenglykol und Cyclohexanol bei gleichen Prandtl-Zahlen bei Filmaufgabe mit dem Turmwehr.

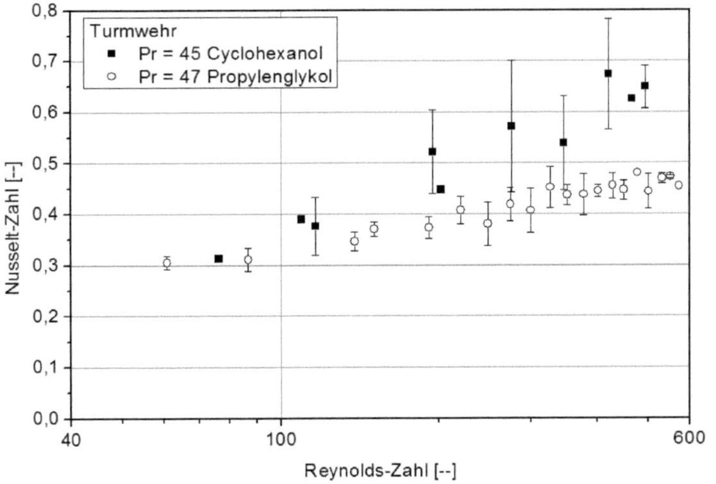

Abbildung 5.19: Vergleich der Messungen mit Cyclohexanol und Propylenglykol bei $Pr \approx 47$; Filmaufgabe: Turmwehr; Fehlerbalken: Standardabweichungen der Wiederholungsmessungen

Für eine Prandtl-Zahl von $Pr = 47$, Abb. 5.19, zeigt sich im Gegensatz zu den Messungen mit dem Glattwehr über den gesamten Reynolds-Zahlenbereich für Cyclohexanol eine etwas höhere Steigung der Wärmeübergangskurve als dies für Propylenglykol zu beobachten ist. Eine Annäherung der Kurven im Bereich hoher Reynolds-Zahlen ist nicht zu erkennen, der Unterschied zwischen dem Wärmeübergang für Cyclohexanol und Propylenglykol vergrößert sich.

Bei $Pr = 58$, Abb. 5.20, ist, wie auch für die Messungen mit dem Glattwehr, bei Reynolds-Zahlen $100 \leq Re \leq 370$ ein paralleler Verlauf des Wärmeübergangs erkennbar. In diesem Bereich liegt die Nusselt-Zahl für Cyclohexanol höher als für Propylenglykol. Mit weiter steigenden Reynolds-Zahlen erhöht sich die Nusselt-Zahl für die Fallfilmverdampfung mit Cyclohexanol. Bei Propylenglykol ist der Anstieg kaum erkennbar. Im Gegensatz zu den Messungen mit dem Glattwehr kommt es nicht zu einer Annäherung der Kurven und nicht zu einem identischen Verlauf des Anstiegs bei hohen Reynolds-Zahlen.

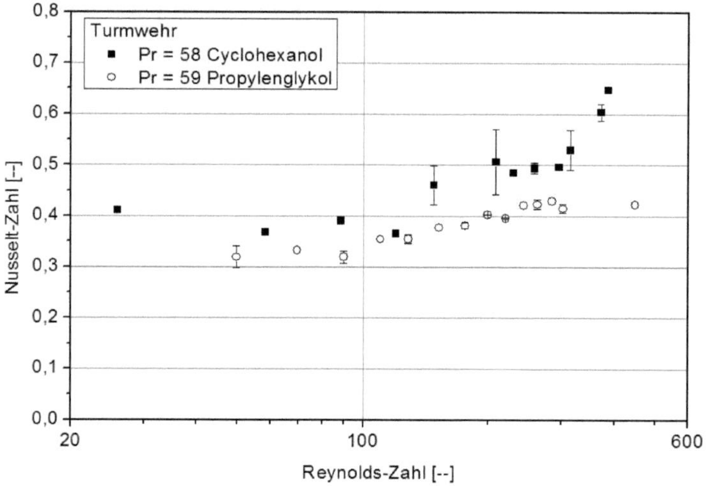

Abbildung 5.20: Vergleich der Messungen mit Cyclohexanol und Propylenglykol bei $Pr \approx 59$; Filmaufgabe: Turmwehr; Fehlerbalken: Standardabweichungen der Wiederholungsmessungen

Die Ergebnisse für die Verdampfung bei Filmaufgabe durch das Turmwehr haben gezeigt, dass bei niedriger Viskosität das Wehr keinen signifikanten Einfluss auf den Wärmeübergang hat. Dies erklärt die gute Übertragbarkeit der etablierten Korrelationen nach VDI Wärmeatlas [Schnabel et al., 2006, Abschnitt Md] und Chun und Seban [Chun et al., 1971] auf verschiedene Anlagenkonfigurationen. Bei steigender Viskosität ist jedoch ein erhöhter Wärmeübergang verglichen mit den Messungen mit dem Glattwehr erkennbar, der auf die geänderte Einlaufbedingung zurück zu führen ist. Wie Weise [Weise, 2007] bereits vermutete, führt das Turmwehr zu einem verbesserten Wärmeübergang. Allerdings ist zu bemerken, dass der sehr frühe Anstieg zu höheren Nusselt-Zahlen, der bei Weise zu beobachten war, in den hier vorliegenden Messungen nicht beobachtet werden konnte. Daher liegt die Annahme nahe, dass hier weitere Faktoren zu berücksichtigen sind. Dies wird in Kap. 5.2 weiter betrachtet.

Der Vergleich der Anlagenkonfiguration von Alhusseini [Alhusseini, 1995] mit der in dieser Arbeit verwendeten Anlagenkonfiguration zeigt, dass die Lauflängen mit $l = 2{,}9\ m$ bei Alhusseini und $l = 2{,}5\ m$ sehr ähnlich sind. Die Messergebnisse liegen in einem ähnlichen Bereich, wenn auch eine quantitative Beschreibung der hier gezeigten Ergebnisse durch das Modell nach Alhusseini [Alhusseini, 1995] über den gesamten Reynolds-Zahlenbereich nicht möglich ist. Bei Einsatz des Turmwehres zeigten die Messwerte für Cyclohexanol bei hohen Reynolds-Zahlen eine gute Übereinstimmung mit dem Modell von Alhusseini. Im

Vergleich dazu liegt bei der Anlagenkonfiguration von Weise [Weise, 2007] nur eine Lauflänge des Rieselfilms von $l = 1{,}14\ m$ vor. Daher ist zu prüfen, ob es zu einer Veränderung des Wärmeübergangs über die Lauflänge kommt und ob der Einfluss des Turmwehres in diesem Bereich besonders ins Gewicht fällt. Berichte von erhöhten Wärmeübergängen im Einlaufbereich von Rieselfilmen sind unter anderem zu finden bei Leuthner [Leuthner, 1999] und bei Asblad et. al. [Asblad et al., 1991]. Die Länge dieses Einlaufbereiches wird dabei nach Leuthner mit bis $l_E = 1{,}0\ m$ für das Maximum im lokalen Wärmeübergang für Wasser angegeben.

Weiterhin zeigen die Ergebnisse für die Verdampfung von Propylenglykol, dass die ermittelten Wärmeübergänge für das Turmwehr die für das Glattwehr bei mittleren Reynolds-Zahlen übertreffen, bei sehr hohen Reynolds-Zahlen aber übereinstimmen. Dies deutet darauf hin, dass es nur in einem Teilbereich der Lauflänge zu erhöhter Welligkeit kommt. Ist die Größe dieses Teilbereichs von der Berieselungsdichte und damit von der Reynolds-Zahl abhängig, so kommt es zu unterschiedlichen Steigerungen des Wärmeübergangs bei steigenden Reynolds-Zahlen, wenn der integrale Wärmeübergang gemessen wird. Der Effekt der erhöhten Welligkeit in einem Teilbereich überlagert sich dann mit dem Umschlag zur turbulenten Strömung. Eine Verschiebung des Umschlages von laminar-welliger Strömung zu turbulenter Strömung zu kleineren Reynolds-Zahlen und damit kleineren Berieselungsdichten über die gesamte Rohrlänge durch das Turmwehr kann den Verlauf der experimentellen Daten bei hohen Reynolds-Zahlen hingegen nicht erklären.

Auffällig ist bei der Betrachtung der Ergebnisse für das Turmwehr, dass die Unterschiede zwischen Kurven für den dimensionslosen Wärmeübergang bei steigender Prandtl-Zahl zum Teil gering sind. Definitionsgemäß ist sowohl in der Nusselt-Zahl als auch in der Reynolds-Zahl und der Prandtl-Zahl die Viskosität enthalten. Dies kann dazu führen, dass der Einfluss der Viskosität nicht eindeutig erkennenbar ist.

Für den Vergleich der Ergebnisse der beiden viskosen Medien bei gleicher Prandtl-Zahl kann auch für das Turmwehr der alleinige Einfluss der Oberflächenspannung nicht bestätigt werden (vgl. Kap. 5.1.2). Für diesen Aspekt ist ebenfalls zu prüfen, ob es wegen der Verwendung der kinematischen Viskosität bei der Bildung der Nusselt-Zahl zu einer Verschleierung des Einflusses der Viskosität kommt. Hierzu sei auf Kap. 6.2 verwiesen, in dem dies genauer betrachtet wird.

Wie bereits in Kap. 5.1.2 beschrieben, können kleinere Unterschiede zwischen den hier vorliegenden Messergebnissen und den Ergebnissen von Alhusseini [Alhusseini, 1995] durch die unterschiedliche Beheizung des Fallfilmverdampfers zustande kommen. Die Betrachtung der Differenzen zwischen den hier berichteten Ergebnissen und dem Modell nach Alhusseini zeigt jedoch, dass der Fehler, der durch die Annahme eines konstanten Wärmeübergangskoeffizienten über die beheizte Länge gemacht wird, gegenüber anderen Einflüssen als klein zu bezeichnen ist.

Ein Aspekt, der sich bei der Gesamtbetrachtung der Ergebnisse bemerkbar macht, ist die Streuung der Messwerte. Diese ist für die Messungen mit dem Glattwehr und Cyclohexanol hoch, für die Messungen mit dem Turmwehr und Cyclohexanol bei Verdampfungstemperaturen von $80\ °C \leq T_S \leq 100\ °C$ ebenfalls erkennbar. Bei allen anderen Messungen ist jedoch nur eine geringe Streuung zu beobachten. Die Ursache ist möglicherweise der Austausch einer Zahnradpumpe durch ein größeres Modell mit größerem Fördervolumen. Es ist davon auszugehen, dass die größere Pumpe eine andere Eigenfrequenz besitzt als die zunächst eingesetzte Pumpe. Bei einem Fallfilmverdampfer, wie er hier betrieben wurde, ist es nicht möglich, das Verdampferrohr völlig von der Pumpe zu entkoppeln. Die Vermutung liegt nahe, dass die durch die Pumpe erzeugten Schwingungen zu einer Störung des Fallfilms führen und so die hohe Streuung hervorgerufen wurde. Durch die große freie Oberfläche über dem Glattwehr und dem sich bildenden Meniskus oberhalb des Rohreinlaufs ist diese Filmaufgabe sehr anfällig für Störungen des Fallfilms. Für das Turmwehr ist eine geringere Beeinträchtigung zu erwarten. Die Zinnen des Turmwehres durchbrechen den Meniskus, solange sie nicht überspült werden. Eine kleinere freie Oberfläche entsteht, die weniger anfällig für Störungen ist. Dies macht deutlich, wie wichtig es ist, die Zuströmung eines Verdampferrohres schwingungsfrei zu gestalten, insbesondere bei einer Filmaufgabe durch ein Glattwehr.

5.2 Ergebnisse zur Fluiddynamik

Im Folgenden werden die experimentellen Ergebnisse der fluiddynamischen Untersuchungen dargestellt. Beginnend mit den Messungen mit Wasser und dem glatten Wehr werden die Einflüsse der Parameter „Überlaufgeometrie“ und „Viskosität“ auf die Länge der wellenfreien Zone betrachtet.

5.2.1 Wasser

Ein visueller Eindruck über die Filmstruktur eines Rieselfilms aus Wasser wird anhand von drei Bildern bei einer Berieselungsdichte von $\dot{\Gamma} = 0{,}52 \frac{kg}{ms}$ mit einem Glattwehr in Abb. 5.21 gezeigt. Im oberen Bereich der Bilder ist der Beruhigungsbehälter zu erkennen, in dem das Wasser über den Überlauf in das Rohr eintritt. Ab einer Lauflänge von 0,13 m ist der Film nicht mehr durch die Halterung des Rohres verdeckt. An dieser Stelle ist ein geschlossener Wasserfilm auf allen drei Bildern erkennbar. Die erste waagerechte Linie, auf der hinter dem Rohr angeordneten Skala ist bei etwa 0,19 m Lauflänge zu sehen. Bei allen drei Bildern ist diese Linie sehr gut sichtbar. Dies zeigt, dass hier ein glatter Film vorliegt und die Sicht auf die Linien nicht durch Lichtstreuung an Wellen des Fallfilms gestört ist. Im weiteren Verlauf tritt bei 0,21 m in Bild c bereits eine leichte Störung der Linie auf. Aufgrund der kurzen Belichtungszeit von $\frac{1}{1000}$ s ist hier eine gut ausgeprägte Welle zu erkennen, die sich an der linken Seite des Rohres gebildet hat. Auf den Bildern a und b ist eine solche Störung jedoch nicht sichtbar. In Bild c folgt etwa 0,04 m unterhalb der ersten Störung bei 0,25 m eine stärkere Wellenbildung im Film, wodurch die Linien hinter dem Rohr nicht mehr zu sehen sind. Auf Bild a sind die Linien noch bis zur fünften waagerechten Linie gut erkennbar, auf Bild b sogar bis zur achten Linie. Dies entspricht einer wellenfreien Zone von 0,27 bzw. 0,33 m. Die Abschätzung der Länge korrespondiert hier nicht exakt mit dem angebrachten Maßband, da das Maßband auf Höhe der Rohrmitte angebracht war. Wegen des Abstandes des Maßbands zum angebrachten Linienmuster kommt es zu einer leicht abweichenden Darstellung.

Im unteren Teil aller drei Bilder ist das Linienmuster einheitlich nicht mehr zu erkennen. Der Rieselfilm ist daher in allen drei Fällen als turbulent zu bezeichnen. Anhand dieser Bilder wird deutlich, dass die Länge der wellenfreien Zone bei gleich bleibenden äußeren Bedingungen stark schwankt. Dies macht eine Auswertung ausschließlich durch die optische Beurteilung der wellenfreien Länge schwierig.

Die Ergebnisse der computergestützten Auswertung der wellenfreien Zone ist für Wasser in Abb. 5.22 gezeigt. Gemessen wurde der Abstand der letzten sichtbaren Linie zum oberen Bildrand in Pixel (px) bei identischem Bildausschnitt und damit bei identischem Abstand zum Rohreinlauf.

Bei der Filmaufgabe durch das Glattwehr stellt sich zunächst eine mittlere wellenfreie Länge von etwa 350 px ($\approx 0{,}26$ m) ein, bevor bei steigender Berieselungsdichte die Länge

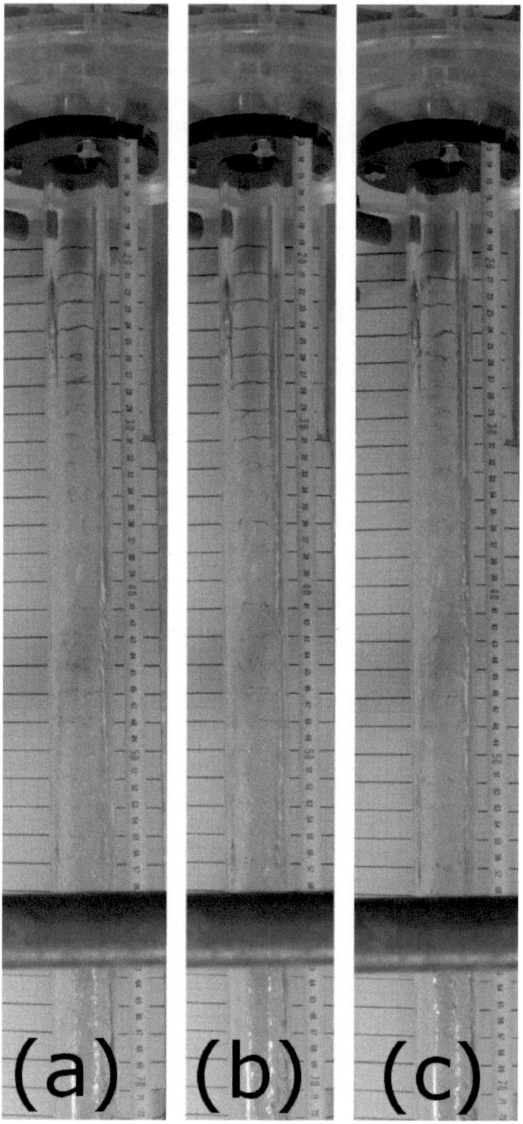

Abbildung 5.21: Filmstruktur eines Wasserfilms bei einer Berieselungsdichte von $\dot{\Gamma} = 0{,}52 \, \frac{kg}{ms}$ und der Filmaufgabe durch das Glattwehr

der wellenfreien Zone ansteigt. Ein Maximum mit einem Messwert von etwa 680 px ($\approx$ 0,34 m) wird bei einer Berieselungsdichte von etwa $\dot{\Gamma} = 0{,}75 \frac{kg}{ms}$ erreicht. Daraufhin folgt eine Verkürzung der Zone mit steigender Berieselungsdichte bis $\dot{\Gamma} = 1{,}1 \frac{kg}{ms}$. Bei einer Berieselungsdichte von $\dot{\Gamma} = 1{,}1 \frac{kg}{ms}$ erfolgt wieder eine Verlängerung der wellenfreien Zone.

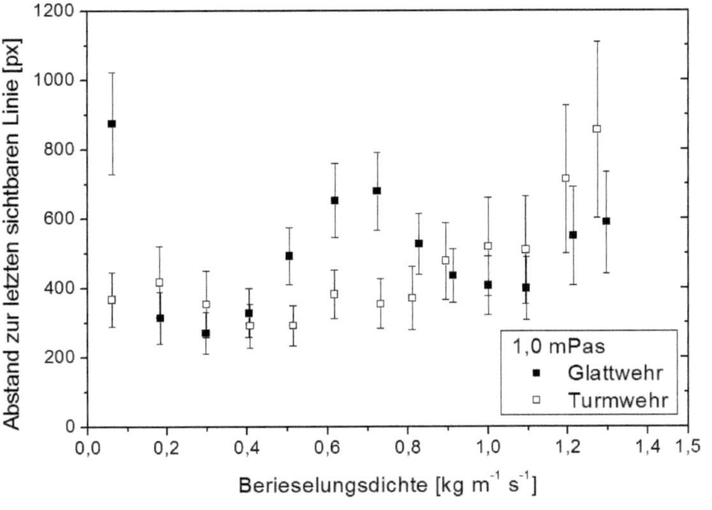

Abbildung 5.22: Ergebnisse der computergestützen Auswertung für Wasser, $\eta = 1{,}0\ mPas$

Der Verlauf für das Turmwehr beginnt bei kleinen Berieselungsdichten auf gleichem Niveau wie für das Glattwehr. Die Länge der wellenfreien Zone bleibt jedoch nahezu konstant bis zu einer Berieselungsdichte von $\dot{\Gamma} = 0{,}9 \frac{kg}{ms}$. Danach ist ein Anstieg der Länge des wellenfreien Einlaufs zu beobachten bis zu einem Maximum von 856 px ($\approx$ 0,39 m) bei einer Berieselungsdichte von $\dot{\Gamma} = 1{,}28 \frac{kg}{ms}$.

Die Länge des wellenfreien Bereiches nimmt mit steigender Berieselungsdichte nicht ab sondern steigt an. Dies ist im Hinblick auf auf eine erhöhte Welligkeit bei steigender Berieselungsdichte ein unerwartetes Ergebnis. Die Reynolds-Zahlen liegen für die vorliegenden Messungen in einem Bereich von $59 \leq Re \leq 1270$ und decken damit den Umschlag von laminar-welliger Strömung zu turbulenter Strömung ab. Der Umschlag ist bei Wasser für Berieselungsdichten von etwa $\dot{\Gamma} = 0{,}4 \frac{kg}{ms}$ ($Re = 400$) zu erwarten. Die maximale Länge des wellenfreien Bereiches wird für beide Filmaufgabesysteme bei höheren Berieselungsdichten erreicht und damit bei Reynolds-Zahlen, bei denen bereits eine turbulente Strömung zu erwarten ist.

5.2.2 Luviskollösungen

Die Fotografien in Abb. 5.23 zeigen für drei Anlageneinstellungen die Fallfilme verschiedener Luviskollösungen und beim Einsatz der beiden Filmaufgabesysteme. Diese verdeutlichen, wie lang der wellenfreie Bereich im oberen Teil des Rieselfilms werden kann. Sie entsprechen nicht dem Mittelwert der gezeigten Einstellungen, sondern stellen eine Momentaufnahme da.

Für das Turmwehr, bei einer Viskosität von $\eta = 3{,}9\ mPas$ und einer Berieselungsdichte von $\dot{\Gamma} = 0{,}2\ \frac{kg}{m \cdot s}$, Abb. 5.23 a, ist die erste Wellenbildung bei einer Länge von etwa $l = 0{,}32\ m$ zu erkennen. Im weiteren Verlauf sind jedoch weitere völlig glatte Bereiche im Film zu sehen und es kommt erst bei einer Länge von $l = 0{,}38\ m$ zu einem kontinuierlich welligen Film. Bei der gleichen Viskosität und gleicher Filmaufgabe und bei einer Berieselungsdichte von $\dot{\Gamma} = 0{,}42\ \frac{kg}{m \cdot s}$ ist in Abb. 5.23 b der Beginn der Wellenbildung im Bereich von $l = 0{,}43\ ...\ 0{,}45\ m$ zu erkennen. Beim Glattwehr verlängert sich bei einer Berieselungsdichte von $\dot{\Gamma} = 1{,}0\ \frac{kg}{m \cdot s}$ und einer Viskosität von $\eta = 9{,}2\ mPas$, Abb. 5.23c, der wellenfreie Bereich sogar auf eine Länge von bis zu $l = 0{,}5\ ...\ 0{,}52\ m$. Dabei ist nicht davon auszugehen, dass bei diesen Längen das Geschwindigkeitsprofil und die Filmstruktur bereits voll ausgebildet sind.

Die computergestützte Auswertung der Bilder erlaubt es, für die beiden Filmaufgabesysteme und sieben Viskositäten die Länge der wellenfreien Zone zu untersuchen. Hierfür gingen 5460 Bilder in die Auswertung ein.

In Abb. 5.24 sind die Ergebnisse der wellenfreien Länge in Pixel bei ansteigender Berieselungsdichte für eine Viskosität von $2{,}5\ mPas$ dargestellt. Die Länge der wellenfreien Zone beginnt bei dem Glattwehr bei $300\ ...\ 400\ px$ ($\approx 0{,}24\ ...\ 0{,}27\ m$) und vergrößert sich ab einer Berieselungsdichte von $\dot{\Gamma} = 0{,}4\ \frac{kg}{m \cdot s}$. Zwischen $\dot{\Gamma} = 0{,}75\ \frac{kg}{m \cdot s}$ und $\dot{\Gamma} = 1\ \frac{kg}{m \cdot s}$ beträgt die wellenfreie Länge etwa $750\ px$ ($\approx 0{,}36\ m$), bevor die Länge der wellenfreien Zone wieder abnimmt. Bei der Filmaufgabe mit dem Turmwehr hingegen steigt die Länge der wellenfreien Zone bereits bei geringeren Berieselungsdichten stark an und erreicht ein Maximum bei $\dot{\Gamma} = 0{,}25\ \frac{kg}{m \cdot s}$ von $910 px$ ($\approx 0{,}4\ m$). Bereits bei $\dot{\Gamma} = 0{,}5\ \frac{kg}{m \cdot s}$ ist die wellenfreie Zone wieder auf den Anfangswert zurückgegangen und verbleibt dort. Im Bereich zwischen $\dot{\Gamma} = 0{,}5\ \frac{kg}{m \cdot s}$ und $\dot{\Gamma} = 1{,}4\ \frac{kg}{m \cdot s}$ ist im oberen Abschnitt des Rieselfilms eine signifikant höhere Welligkeit bei der Filmaufgabe durch das Turmwehr verglichen mit der Filmaufgabe durch das Glattwehr zu erkennen. Bei niedrigen Berieselungsdichten hingegen kann durch das Turmwehr keine erhöhte Welligkeit erzielt werden.

Ein ähnlicher Verlauf der Länge der wellenfreien Zone bei steigender Berieselungsdichte ist für eine Viskosität von $\eta = 3{,}9\ mPa\,s$ zu erkennen, siehe Abb. 5.25. Im Vergleich zu $\eta = 2{,}5\ mPa\,s$ ist jedoch das Maximum der wellenfreien Länge für das Turmwehr zu höheren Berieselungsdichten verschoben. Bei etwa $\dot{\Gamma} = 0{,}4\ \frac{kg}{m \cdot s}$ wird es mit $l = 1150\ px$ ($\approx 0{,}46\ m$) erreicht, bevor sich hier die wellenfreie Länge verkürzt und bei $\dot{\Gamma} = 1{,}1\ \frac{kg}{m \cdot s}$ das minimale Niveau erreicht. Der Verlauf für das Glattwehr verändert sich ebenfalls, das

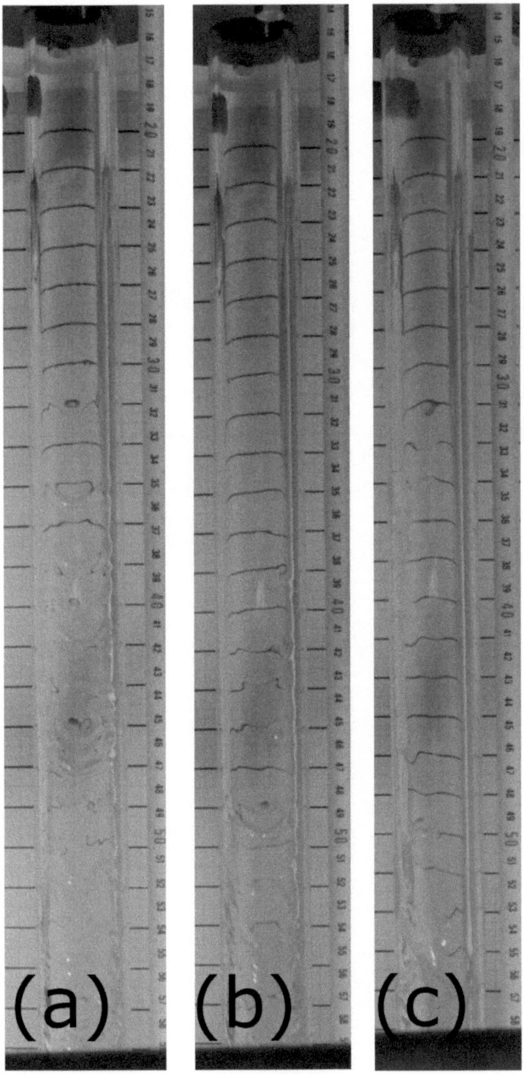

Abbildung 5.23: Filmstruktur für Luviskol Filme bei
(a) $\eta = 3{,}9\ mPas$, $\dot{\Gamma} = 0{,}2\ \frac{kg}{m \cdot s}$, Turmwehr;
(b) $\eta = 3{,}9\ mPas$, $\dot{\Gamma} = 0{,}42\ \frac{kg}{m \cdot s}$, Turmwehr;
(c) $\eta = 9{,}2\ mPas$, $\dot{\Gamma} = 1{,}0\ \frac{kg}{m \cdot s}$, Glattwehr

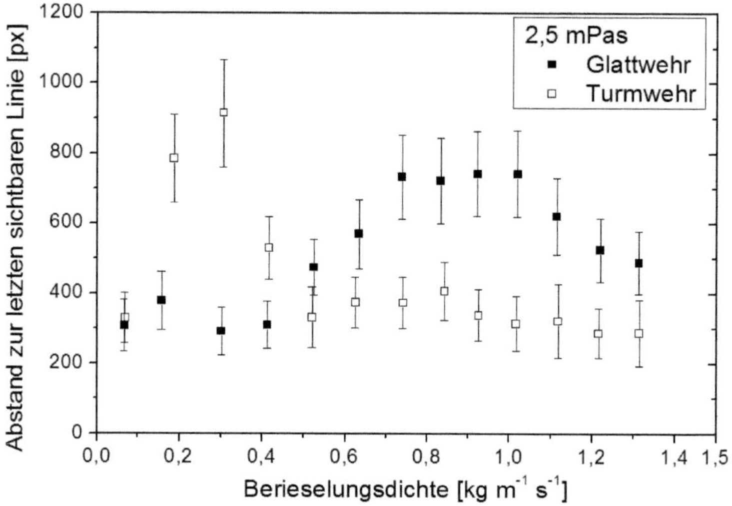

Abbildung 5.24: Ergebnisse der computergestützten Auswertung für Luviskol, $\eta = 2{,}5\ mPa\,s$

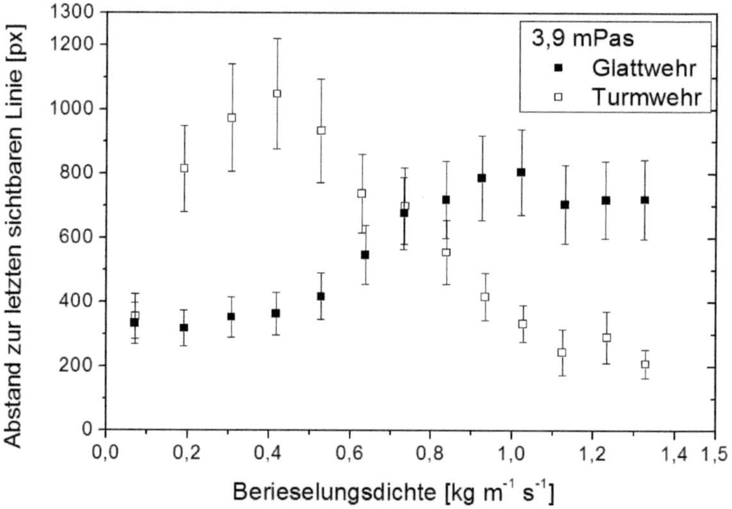

Abbildung 5.25: Ergebnisse der computergestützten Auswertung für Luviskol, $\eta = 3{,}9\ mPa\,s$

Plateau zwischen $\dot{\Gamma} = 0{,}75 \frac{kg}{m \cdot s}$ und $\dot{\Gamma} = 1{,}0 \frac{kg}{m \cdot s}$ ist deutlich schwächer ausgeprägt, eine Verkürzung der wellenfreien Länge bei über $\dot{\Gamma} = 1{,}0 \frac{kg}{m \cdot s}$ ist nicht mehr signifikant. Ein Maximum wird bei einer Berieselungsdichte von $\dot{\Gamma} = 1{,}0 \frac{kg}{m \cdot s}$ erreicht. In den Mittelwerten ist bei weiter steigender Berieselungsdichte ein leichtes Absinken der wellenfreien Länge zu beobachten, die jedoch den Bereich des Konfidenzintervalls nicht übersteigt.

Mit weiter steigender Viskosität, Abb. 5.26(a) - 5.26(c), nähert sich der Verlauf für das Turmwehr im Bereich niedriger Berieselungsdichten dem Verlauf für das Glattwehr an. Bei einer Viskosität von $\eta = 9{,}2\ mPa\,s$ und Berieselungsdichten $\dot{\Gamma} \leq 1{,}0 \frac{kg}{m \cdot s}$ ist schließlich kein signifikanter Unterschied mehr zu erkennen. Bei sehr hohen Berieselungsdichten liegt tendenziell für das Glattwehr sogar eine höhere Welligkeit in diesem Bereich des Rieselfilms vor.

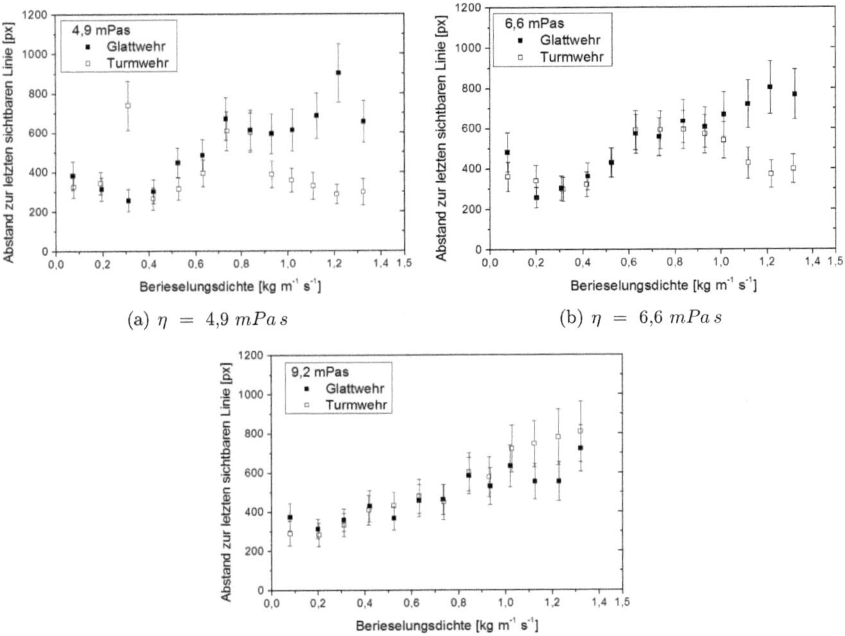

(a) $\eta = 4{,}9\ mPa\,s$

(b) $\eta = 6{,}6\ mPa\,s$

(c) $\eta = 9{,}2\ mPa\,s$

Abbildung 5.26: Ergebnisse der computergestützten Auswertung zur Fluiddynamik für Luviskollösungen bei Viskositäten $4{,}9 \leq \eta \leq 9{,}2\ mPa\,s$

Die Betrachtung der Kurven für Viskositäten von $\eta = 13{,}3\ mPa\,s$ und $\eta = 22{,}5\ mPa\,s$ zeigt, dass es für das Turmwehr zu einem ausgeprägteren wellenfreien Bereich kommt als dies für das Glattwehr zu beobachten ist, siehe Abb. 5.27(a) und Abb. 5.27(b). In einem

Bereich von 0,5 $\leq \dot{\Gamma} \leq$ 0,9 $\frac{kg}{m \cdot s}$ für eine Viskosität von η = 13,3 $mPa\,s$ und von 0,75 $\leq \dot{\Gamma} \leq$ 1,13$\frac{kg}{m \cdot s}$ für eine Viskosität von η = 22,5 $mPa\,s$ liegt die Länge des wellenfreien Bereiches für das Glattwehr unter der für das Turmwehr. Für das Glattwehr ist eine erhöhte Welligkeit im oberen Bereich des Rieselfilms zu beobachten.

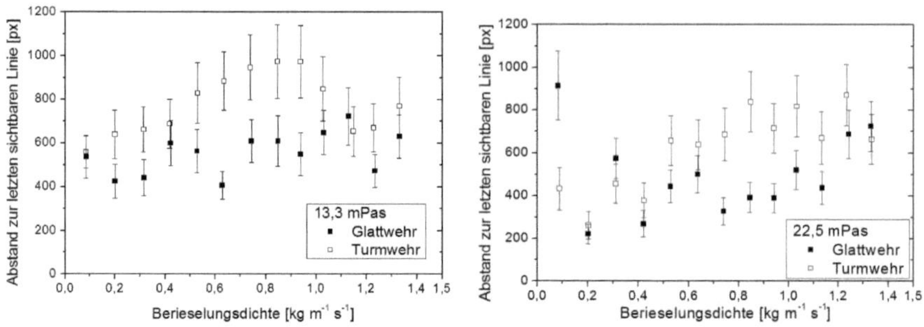

(a) η = 13,3 $mPa\,s$ (b) η = 22,5 $mPa\,s$

Abbildung 5.27: Ergebnisse der computergestützten Auswertung zur Fluiddynamik für Luviskollösung bei Viskositäten 13,3 $\leq \eta \leq$ 22,5 $mPa\,s$

Im Folgenden soll diskutiert werden, ob die Veränderungen der Welligkeit im oberen Bereich der Anlage bei steigender Viskosität für die unterschiedlichen Ergebnisse in den experimentellen Messungen für den Wärmeübergangskoeffizienten in der Verdampferanlage verantwortlich sein können.

In Abb. 5.28 und Abb. 5.29 sind die Ergebnisse der computergestützten Auswertung der Fluiddynamikanlage den experimentellen Ergebnissen zum Wärmeübergang bei gleicher Viskosität gegenüber gestellt.

Dabei ist für einen direkten Vergleich die Abszisse für die Ergebnisse des Verdampfers und die Ergebnisse der Fluiddynamikanlage identisch eingeteilt. Bei einer Viskosität von $\eta \approx$ 3,9 $mPa\,s$ ist für die Verdampfung von Cyclohexanol (entspricht Pr = 77, η = 3,77 $mPa\,s$), zu erkennen, Abb. 5.28, dass der ausgeprägte wellenfreie Bereich bei niedrigen Berieselungsdichten für das Turmwehr aus der Fluiddynamikmessung nicht mit einer Differenz des Wärmeübergangskoeffizienten korrespondiert. Bei einer Berieselungsdichte von $\dot{\Gamma}$ = 0,75 $\frac{kg}{m \cdot s}$ überschneiden sich die Kurven der Fluiddynamikmessung von Glattwehr und Turmwehr. Dies liegt im gleichen Bereich, in dem der Wärmeübergang bei der Filmaufgabe durch das Turmwehr anzusteigen beginnt, verglichen mit den Ergebnissen mit dem Glattwehr. Im weiteren Verlauf zeigt sich für das Turmwehr eine höhere Welligkeit im oberen Bereich und ein erhöhter Wärmeübergangskoeffizient.

Der Vergleich der fluiddynamischen Untersuchungen bei $\eta \approx$ 2,5 $mPa\,s$ mit den Ergebnissen der Wärmeübergangsmessungen für Propylenglykol (entspricht Pr = 40, η = 2,65 $mPa\,s$) ist in Abb. 5.29 dargestellt.

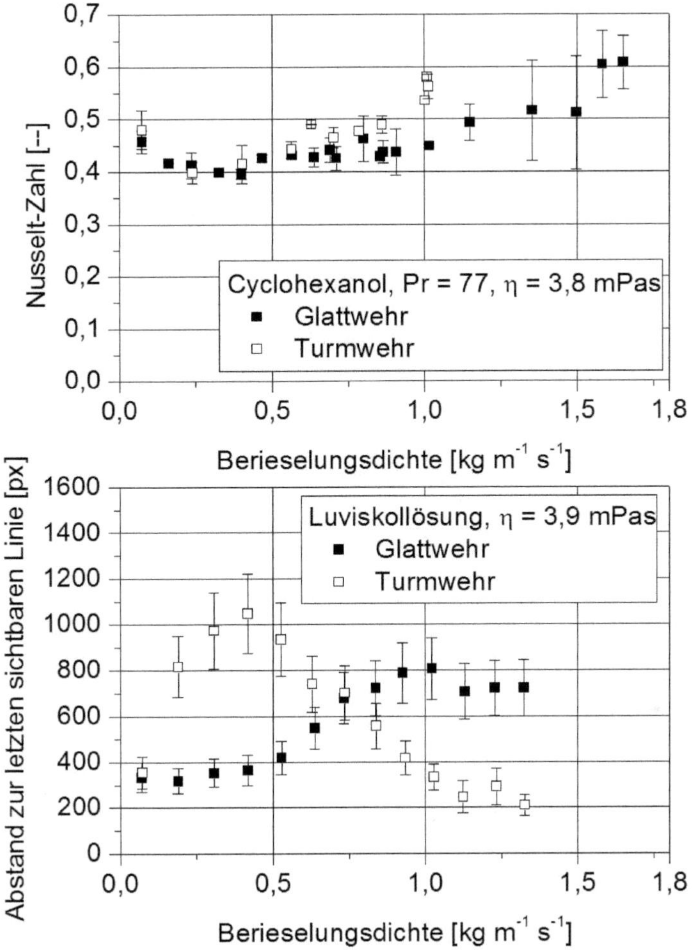

Abbildung 5.28: Vergleich von Fluiddynamik und Wärmeübergang bei $\eta = 3{,}9\ mPa\,s$

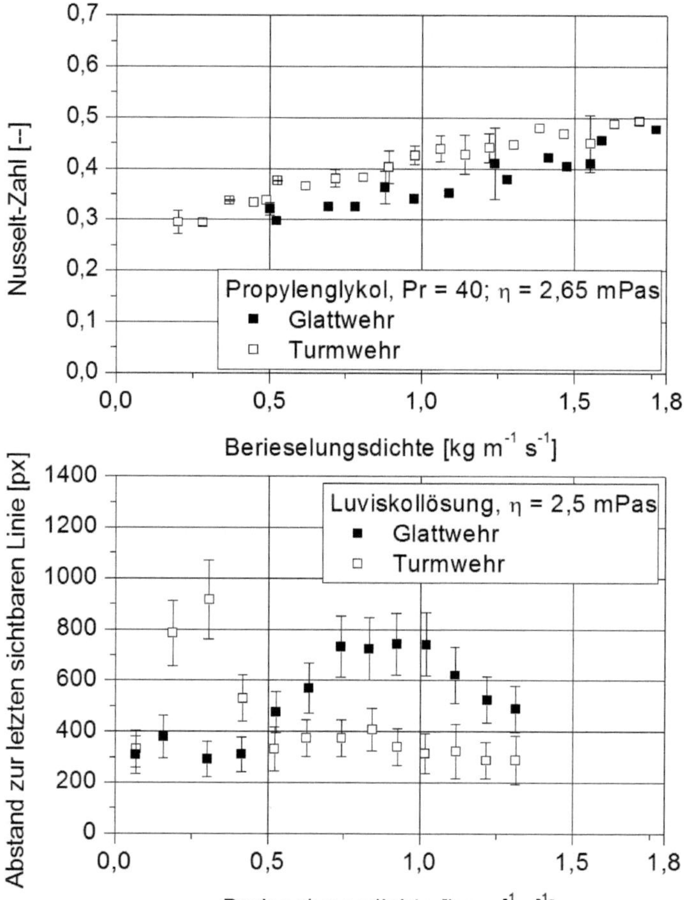

Abbildung 5.29: Vergleich der Fluiddynamik bei $\eta = 2{,}5\ mPa\,s$ mit Wärmeübergangsmessung von Propylenglykol bei $\eta = 2{,}5\ mPa\,s$

Hier ist ebenfalls festzustellen, dass der in den fluiddynamischen Untersuchungen mit dem Turmwehr beobachtete wellenfreie Bereich mit einem Maximum bei einer Berieselungsdichte von $\dot{\Gamma} = 0{,}3 \frac{kg}{m \cdot s}$ sich nicht in den Wärmeübergangsmessungen niederschlägt. Für den gesamten Bereich der Berieselungsdichte beim Einsatz des Turmwehrs ein höherer Wärmeübergang zu beobachten. Die Länge der wellenfreien Zone verändert sich jedoch bei steigender Berieselungsdichte. Dies wird nicht durch die Wärmeübergangsmessung abgebildet. Für andere Viskositäten sind die Parallelen zwischen der fluiddynamischen Untersuchung und den Ergebnissen der Wärmeübergangsmessungen weniger ausgeprägt.

Die durch optische Beobachtung erkennbaren wellenfreien Längen von bis zu $l = 0{,}5\ m$ sind kürzer als die in der Literatur beschriebenen Einlauflängen. Takahama und Kato [Takahama et al., 1980] berichten, dass die kritische Reynolds-Zahl für den Übergang von laminarer zu turbulenter Strömung bis zu einer Länge von $l = 1{,}3\ m$ abnimmt. Als Kriterium diente bei Takahama und Kato die Änderung der mittleren lokalen Filmdicke. Außerdem wird ebenfalls eine Abhängigkeit von der Berieselungsdichte beobachtet. Park et. al. [Park et al., 2004] beschrieben in ihrer Arbeit an Rieselfilmen an innen berieselten Kapillaren ($d_i = 9{,}6\ mm$) wellenfreie Bereiche im Einlaufbereich von Rieselfilmen, die eine Abhängigkeit von der Reynolds-Zahl und damit von der Berieselungsdichte zeigten. Mit einem Maximum von $l = 0{,}2 \ldots 0{,}35\ m$ bei einer Reynolds-Zahl von $Re \approx 400$ liegen diese in einem sehr ähnlichen Bereich wie in der vorliegenden Arbeit beobachtet. Die Filmaufgabe bei Park et. al. [Park et al., 2004] erfolgte durch einen Ringspalt.

Die von Brauner und Maron [Brauner et al., 1982] vorgeschlagene eindeutige Abgrenzung der Einlauflänge bei steigender Reynolds-Zahl konnte anhand der vorliegenden Messergebnisse nicht beobachtet werden. Insbesondere für das Turmwehr ist die Ausprägung der Einlauflänge in Abhängigkeit von der Berieselungsdichte und damit von der Reynolds-Zahl nicht stetig ansteigend oder abfallend. Da die Gleichungen 2.22 und 2.23 einen monoton steigenden Verlauf beschreiben, ist eine Übereinstimmung mit den vorliegenden Ergebnissen ausgeschlossen.

Der Vergleich der Messdaten der fluiddynamischen Untersuchungen mit den experimentellen Ergebnissen der Wärmeübergangsmessungen zeigt, dass ein Zusammenhang zwischen der Länge des wellenfreien Bereiches und dem Wärmeübergangskoeffizienten vermutet werden kann. Für eine gesicherte Aussage über den Einfluss der Einlauflänge auf den Wärmeübergang sind jedoch weitere Messungen nötig. Durch den Einsatz des Turmwehres kann nicht über die gesamte Berieselungsdichte eine erhöhte Welligkeit im Einlaufbereich erzeugt werden. Das erklärt, warum es für das Turmwehr im Vergleich zum glatten Rohreinlauf nicht zu einer Parallelverschiebung der Kurven zu höheren Wärmeübergangskoeffizienten kommt.

Im Gegensatz zu den Messungen mit Cyclohexanol und Propylenglykol kommt es für Wasser nicht zu einer signifikanten Erhöhung des Wärmeübergangs beim Einsatz eines Turmwehres. Dennoch kommt es zu einer verlängerten Einlaufzone im Bereich mittlerer

Berieselungsdichten für das Glattwehr. Zu berücksichtigen ist, dass die vorgestellte Messmethode die erste Wellenbildung detektieren kann. Der Grad der Turbulenz hinter dieser Front kann nur unzureichend erfasst werden. Für weitere Untersuchungen ergibt sich die Frage, ob es sich bei der ersten Wellenfront um eine Einzelwelle handelt oder ob ein höherer Grad an Turbulenz einsetzt. Ob die Längen bis zur voll ausgebildeten Strömung und damit bis zu einem konstanten Wärmeübergangskoeffizienten für unterschiedliche Viskositäten ansteigen, bleibt letztendlich zu klären. Dies könnte die unterschiedlichen Auswirkungen der wellenfreien Bereiche begründen.

Weiterhin ist zu beachten, dass für die Versuchsmedien Cyclohexanol und Propylenglykol die Wärmeübergangskoeffizienten unter $\alpha = 1000 \frac{W}{m^2 \cdot K}$ liegen. Bei Wasser werden jedoch Wärmeübergangskoeffizienten von $\alpha = 8000 \frac{W}{m^2 \cdot K}$ und mehr erreicht. Dies führt dazu, dass kleine Änderungen bei Wasser weniger deutlich zu erkennen sind als bei Cyclohexanol und Propylenglykol.

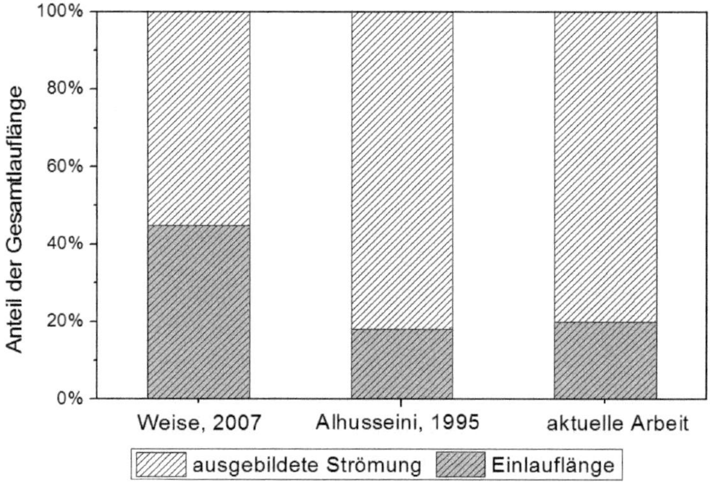

Abbildung 5.30: Anteil der Einlauflänge von der Gesamtlänge des beheizten Films

Für den Vergleich der Korrelation zur Berechnung des Wärmeübergangs von Weise [Weise et al., 2006] mit den aktuellen Messergebnissen ist ein Einfluss der Einlauflänge auf den Wärmeübergang zu erwarten. Um das Verhältnis von Einlauflänge zur Gesamtlänge des Rieselfilms zu verdeutlichen, wurden in Abb. 5.30 die prozentualen Anteile für die Anlagen von Weise, Alhusseini und der aktuellen Anlage dargestellt. Angenommen wurde dabei, dass der Einlauf bei einer Filmlauflänge von $l = 0{,}5\ m$ beendet ist, und der Wärmeübergang ab diesem Punkt konstant bleibt. Deutlich wird, dass der Anteil der Einlauflänge an der Gesamtlänge der Anlage für die Anlagenkonfiguration von Weise sehr groß ist, im Vergleich zu der Konfiguration von Alhusseini und der vorliegenden Arbeit.

Asblad und Berntsson [Asblad et al., 1991] zeigten in ihrer Arbeit zur Oberflächenverdampfung von turbulenten Fallfilmen, dass der Wärmeübergang im Einlaufbereich erhöht ist. Beobachtet wurde eine Abhängigkeit der Nusselt-Zahl vom Abstand der Filmaufgabe bis zu einer Länge von $l = 1{,}3\ m$. So wird zum Teil erklärbar, dass durch den hohen Anteil der Einlauflänge an der Gesamtlänge bei Weise [Weise et al., 2006] höhere Wärmeübergangskoeffizienten gemessen wurden, als diese in der vorliegenden Anlage bei sonst gleichen Bedingungen ermittelt wurden. Der Flächenanteil der Einlauflänge, welcher mit einem erhöhten Wärmeübergang in die integrale Messung eingeht, ist deutlich erhöht.

6 Modellierung

Der im Fallfilmverdampfer mit Cyclohexanol und Propylenglykol gemessene Wärmeübergang unterscheidet sich deutlich von den Werten, die mit den in der einschlägigen Literatur vorgeschlagenen Rechenmethoden ermittelt werden. Das Modell nach Alhusseini [Alhusseini et al., 1998] beschreibt den Wärmeübergang mit den geringsten Abweichungen. Es gibt den Anstieg des Wärmeübergangs bei hohen Reynolds-Zahlen in einigen Fällen gut wieder und nähert in anderen Fällen die Steigung gut an. Für die Beschreibung des gemessenen Wärmeübergangs soll daher zunächst versucht werden, das Modell nach Alhusseini an die vorliegenden Messdaten anzupassen.

6.1 Anpassung an das Modell nach Alhusseini

Das Modell nach Alhusseini wurde entwickelt, indem zunächst die Faktoren, die den Wärmeübergang bei der Fallfilmverdampfung beeinflussen, analysiert wurden. Danach wurde das so entwickelte Modell mit dem Faktor C_1 an die von Alhusseini erzielten experimentellen Messergebnisse angepasst, siehe Gl. 2.46 - 2.54.

Im Vergleich der Modellrechnungen mit den experimentellen Daten, die in der vorliegenden Arbeit mit Cyclohexanol und Propylenglykol an einem innen berieselten Rohr gemessen wurden, wird die experimentell ermittelte Nusselt-Zahl für das Glattwehr durch die Berechnungen nach Alhusseini durchgängig übertroffen. Bei Einsatz des Turmwehrs wird der qualitative Verlauf des Wärmeübergangs mit dem Modell zutreffender berechnet. Eine quantitative Beschreibung ist jedoch nicht möglich. Die Steigung im Bereich hoher Reynolds-Zahlen stimmt für Cyclohexanol gut überein, für Propylenglykol wird die Steigung nach Alhusseini etwas höher berechnet. Für eine Anpassung der gemessenen Daten an das Modell nach Alhusseini wurde daher folgende Vorgehensweise gewählt:

1. Im laminaren Bereich wurde eine Minimierung der Fehlerquadrate für eine Gleichung der Form

   $$Nu_l = a \cdot Re^b \tag{6.1}$$

   vorgenommen.

2. Im turbulenten Bereich wurde durch eine Minimierung der Fehlerquadrate ein Welligkeitsfaktor ermittelt, siehe Gl. 6.2, der dem Modell von Alhusseini vorangestellt wird. Dieser Faktor soll geometrische Einflüsse der Anlage zusammenfassen.

$$Nu_t = f_w \cdot Nu_{t,Alhusseini} \tag{6.2}$$

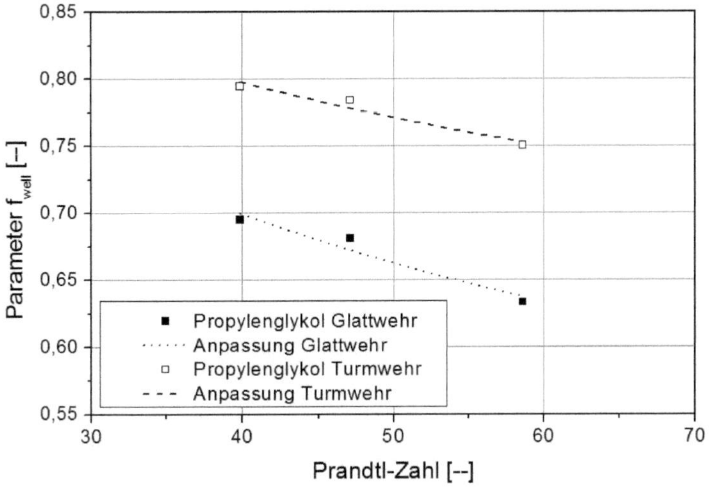

Abbildung 6.1: Faktor f_w bei ansteigender Prandtl-Zahl für Propylenglykol

3. Die Überlagerung der beiden Gleichungen zur fünften Potenz wird beibehalten. Es ergibt sich.

$$Nu = \left(\left(a \cdot Re^b \right)^5 + \left(f_w \cdot Nu_{t,Alhusseini} \right)^5 \right)^{\frac{1}{5}} \tag{6.3}$$

Im laminaren Bereich müssen für die beiden verwendeten Produktmedien Cyclohexanol und Propylenglykol stoffspezifische Gleichungen angepasst werden, da es, wie in Kapitel 5.1.2 dargestellt, bei Propylenglykol bei identischer Reynolds-Zahl zu einer niedrigeren Nusselt-Zahl kommt. Die Kurven verlaufen jedoch ähnlich flach, so dass für die Potenz der Reynolds-Zahl ein konstanter Wert angenommen werden kann. Für die Minimierung der Fehlerquadrate wurden die Messergebnisse für niedrige Reynolds-Zahlen ausgewählt, bei denen es zu keinem Anstieg der Nusselt-Zahl kommt, die möglicherweise dem Umschlag zur turbulenten Strömung zugeschrieben werden kann. Es ergibt sich für Cyclohexanol im laminaren Bereich

$$Nu_{l,CHEX} = a_{CHEX} \cdot Re^b = 0{,}57 \cdot Re^{-0{,}08} \tag{6.4}$$

Für Propylenglykol können die Daten im Bereich niedriger Reynolds-Zahlen beschrieben werden durch

$$Nu_{l,PG} = a_{PG} \cdot Re^b = 0{,}48 \cdot Re^{-0{,}08} \tag{6.5}$$

Der Bereich hoher Reynolds-Zahlen wird ebenfalls stoffspezifisch angepasst. Hinzu kommt die getrennte Anpassung an die Messdaten für das Turmwehr und das Glattwehr. Es

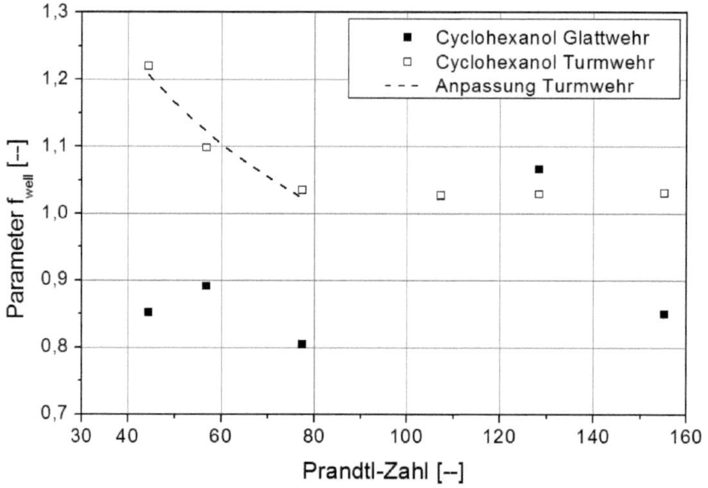

Abbildung 6.2: Faktor f_w bei ansteigender Prandtl-Zahl für Cyclohexanol

zeigt sich, dass bei ansteigender Prandtl-Zahl sowohl für Propylenglykol als auch für Cyclohexanol kein konstanter Wert für f_w verwendet werden kann. Die Ergebnisse für den Faktor f_w abhängig von der Prandtl-Zahl sind für Propylenglykol in Abb. 6.1 gezeigt.

Im Bereich von $40 \leq Pr \leq 60$ ist für Propylenglykol der Verlauf des Welligkeitsfaktors gut mit einem Potenzansatz anzupassen. Dabei unterscheiden sich die Kurven für das Glattwehr und das Turmwehr nicht nur im Vorfaktor sondern auch in der Potenz. Folgende Gleichungen wurden ermittelt:

$$Nu_{t,PG} = \begin{cases} 1{,}71 \cdot Pr^{-0{,}242} \cdot Nu_{t,Alhusseini} & \text{Glattwehr} \\ 1{,}39 \cdot Pr^{-0{,}151} \cdot Nu_{t,Alhusseini} & \text{Turmwehr} \end{cases} \tag{6.6}$$

Für Cyclohexanol sind die ermittelten Parameter f_w bei ansteigender Prandtl-Zahl in Abb. 6.2 dargestellt. Für das Glattwehr ist keine einheitliche Tendenz des Welligkeitsfaktors zu erkennen. Bei $40 \leq Pr \leq 80$ sind Welligkeitsfaktoren von $0{,}8 \leq f_w \leq 0{,}89$ zu finden. Für $Pr = 110$ und $Pr = 129$ hingegen liegt der Welligkeitsfaktor bei $f_w = 1{,}05$ und $f_w = 1{,}07$. Für das Turmwehr wurde zwischen $40 \leq Pr \leq 80$ ein abnehmender Welligkeitsfaktor ermittelt, der sich bei weiter steigender Prandtl-Zahl bei $f_w = 1{,}03$ stabilisiert. Somit ist für das Turmwehr, wie auch bei Propylenglykol für beide Filmaufgabesysteme, der Bereich mittlerer Prandtl-Zahlen ($40 \leq Pr \leq 80$) durch einen Potenzansatz zu beschreiben. Für das Glattwehr wird bei diesen Prandtl-Zahlen ein konstanter Wert angenommen. Für die Nusselt-Zahl im Bereich hoher Reynolds-Zahlen ergibt sich:

$$Nu_{t,CHEX} = \begin{cases} 0{,}84 \cdot Nu_{t,Alhusseini} & \text{Glattwehr, } 40 \leq Pr \leq 80 \\ 3{,}74 \cdot Pr^{-0{,}298} \cdot Nu_{t,Alhusseini} & \text{Turmwehr } 40 \leq Pr \leq 80 \\ 1{,}03 \cdot Nu_{t,Alhusseini} & \text{Turmwehr, Glattwehr, } 110 \leq Pr \leq 155 \end{cases} \tag{6.7}$$

Nach Überlagerung der Gleichungen unter Nutzung von Gl. 6.3 kann nun die Nusselt-Zahl berechnet werden. Die Ergebnisse der Berechnungen für das Turmwehr und das Glattwehr bei der Verdampfung von Cyclohexanol sind in Abb. 6.3 den experimentellen Daten gegenüber gestellt. Die experimentellen Daten können gut mit dem vorgestellten Gleichungssystem mit ± 15% Abweichung beschrieben werden. Für Cylohexanol ist keine weitere Abhängigkeit der Abweichungen zu erkennen. Für Propylenglykol und die Filmaufgabe durch das Glattwehr ist ebenfalls keine Korrelation in den Abweichungen erkennbar, siehe Abb. 6.4. Bei der Filmaufgabe durch das Turmwehr und die Verdampfung von Propylenglykol lässt die Auftragung vermuten, dass weitere Einflussgrößen vorhanden sind, die durch die Anpassung des turbulenten Modells an die Daten nicht erfasst werden. Bei niedrigen Nusselt-Zahlen werden die experimentellen Ergebnisse übertroffen. Bei steigenden Nusselt-Zahlen folgt ein Bereich, in dem die Nusselt-Zahlen der experimentellen Ergebnisse zwar im Bereich von ± 15% liegen, jedoch vom Modell niedriger berechnet werden. Bei hohen Nusselt-Zahlen wiederum liegt das Modell über den experimentellen Ergebnissen. Hier wird der Verlauf der Nusselt-Zahl nicht korrekt wiedergegeben.

Eine stoffunabhängige Beschreibung ist mit diesem Vorgehen nicht möglich. Zudem ist neben der Berechnung der turbulenten Nusselt-Zahl nach Alhusseini mit vielen Parametern eine hohe Anzahl an Fallunterscheidungen nötig, die es nicht ermöglicht, die Einflüsse der Viskosität oder der Berieselungsdichte direkt zu erkennen. Daher soll im Folgenden geprüft werden, ob eine Modellierung der Daten durch einen einfachen Potenzansatz möglich ist.

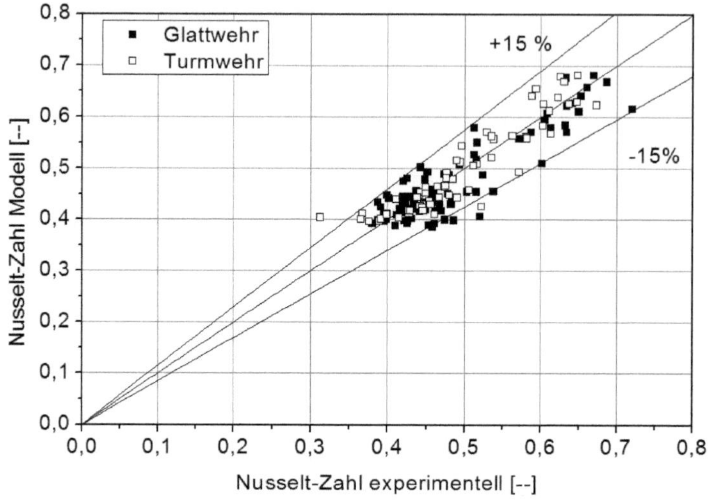

Abbildung 6.3: Vergleich der berechneten und der experimentell ermittelten Nusselt-Zahlen bei der Verdampfung von Cyclohexanol

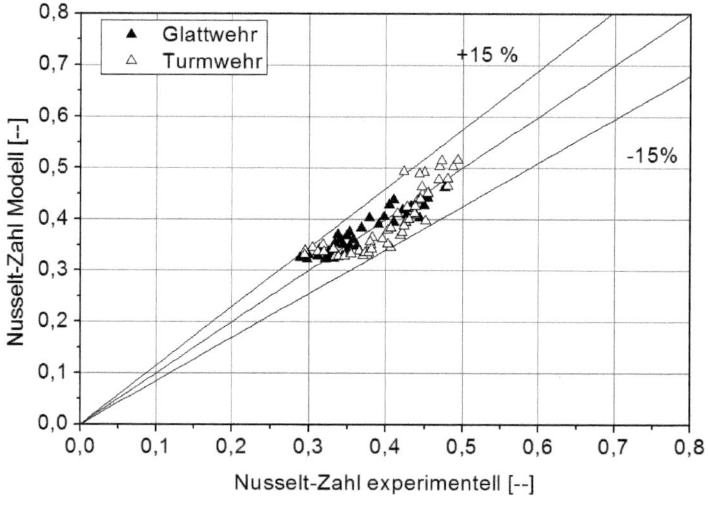

Abbildung 6.4: Vergleich der berechneten und der experimentell ermittelten Nusselt-Zahlen bei der Verdampfung von Propylenglykol

6.2 Modellbildung durch Isolierung der Einflussgrößen

Aus der Auftragung der Nusselt-Zahl über der Reynolds-Zahl können die für den Wärmeübergang maßgeblichen Faktoren nicht identifiziert werden. Dies ist unter anderem der Tatsache zu zuschreiben, dass zur Berechnung der Nusselt-Zahl die kinematische Viskosität und zur Berechnung der Reynolds-Zahl die dynamische Viskosität verwendet wird.

In der Literatur wird die Nusselt-Zahl modelliert nach dem Ansatz

$$Nu = a \cdot Re^b \cdot Pr^c \tag{6.8}$$

Die Umformung der dimensionslosen Kennzahlen und Ersetzen der kinematischen Viskosität durch $\nu = \frac{\eta}{\rho}$ ergibt

$$\frac{\alpha}{\lambda} \cdot \left(\frac{\left(\frac{\eta}{\rho}\right)^2}{g} \right)^{1/3} = a \cdot \left(\frac{\dot{m}}{U \cdot \eta} \right)^b \cdot \left(\frac{\eta \cdot c_p}{\lambda} \right)^c \tag{6.9}$$

Die Viskosität soll in dieser Arbeit als ein wesentlicher Parameter für den Wärmeübergang untersucht werden. Die Abhängigkeit aller dimensionsloser Kennzahlen von der Viskosität erschwert die Modellierung der experimentellen Ergebnisse. Daher werden im Folgenden die aktuellen Ergebnisse zunächst in der Form $\alpha = f\left(\dot{\Gamma}\right)$ aufgetragen.

Der Wärmeübergangskoeffizient in Abhängigkeit von der Berieselungsdichte für Cyclohexanol und die Filmaufgabe durch das Glattwehr ist in Abb. 6.5 dargestellt. Der Wärmeübergang nimmt über den gesamten Bereich der Berieselungsdichte mit steigender Viskosität und damit mit steigender Prandlt-Zahl zwischen $Pr = 45$ und $Pr = 77$ wie erwartet ab. Bei weiter steigender Prandtl-Zahl, speziell für die Prandtl-Zahlen $Pr = 110$ und $Pr = 129$, ist keine weitere Abnahme des Wärmeübergangskoeffizienten zu beobachten. Die Berieselungsdichte, bei der der Umschlag von laminar-welligem zu turbulentem Strömungsbereich stattfindet, ist bei den unterschiedlichen Prandtl-Zahlen kaum zu unterscheiden. Im Umschlag beginnt der Wärmeübergang konstant anzusteigen. Dieser Anstieg liegt zwischen $\dot{\Gamma} = 0{,}8\ \frac{kg}{ms}$ und $\dot{\Gamma} = 1\ \frac{kg}{ms}$. Der Umschlag von laminar-welligem Strömungsbereich zu turbulentem Strömungsbereich ist weiterhin undeutlicher als bei der Auftragung der Nusselt-Zahl über der Reynolds-Zahl, da der Wärmeübergang nur schwach zunimmt. Diese Beobachtungen verdeutlichen, wie die Auftragung über den dimensionslosen Kennzahlen im vorliegenden Fall den Einfluss der Viskosität überdeckt.

Für Propylenglykol und die Filmaufgabe durch das Glattwehr sind diese Aussagen analog zu treffen, siehe Abb. 6.6.

Der Wärmeübergangskoeffizient nimmt ebenfalls mit steigender Prandtl-Zahl ab und der Umschlag vom laminar-welligen Strömungsbereich zum turbulenten Strömungsbereich ist

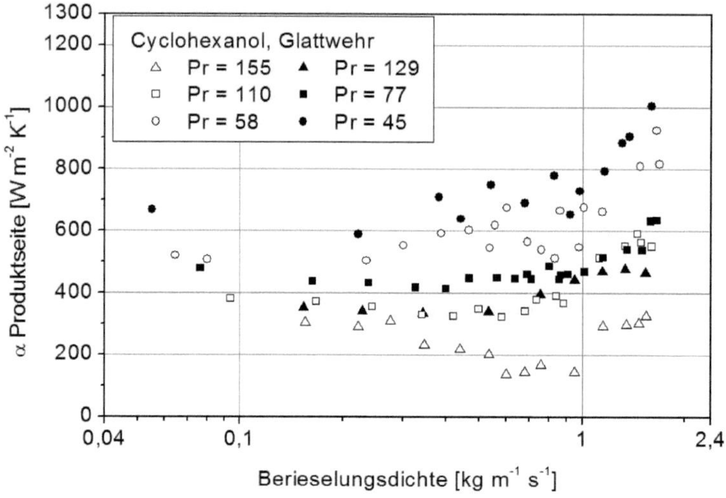

Abbildung 6.5: Produktseitiger Wärmeübergangskoeffizient für Cyclohexanol bei Filmaufgabe durch das Glattwehr, $45 \leq Pr \leq 155$, vgl. [Arndt et al., 2011]

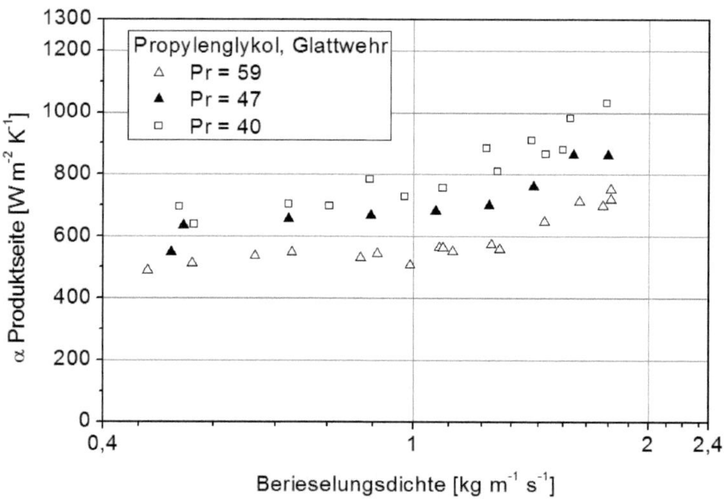

Abbildung 6.6: Produktseitiger Wärmeübergangskoeffizient für Propylenglykol bei Filmaufgabe durch das Glattwehr, $40 \leq Pr \leq 59$, vgl. [Arndt et al., 2011]

ebenfalls bei einer Berieselungsdichte von etwa $\dot{\Gamma} = 1 \frac{kg}{ms}$ zu beobachten. Prandtl-Zahlen im Bereich von $110 \leq Pr \leq 129$, in dem bei Cyclohexanol eine Abnahme des Wärmeübergangskoeffizienten bei steigenden Prandtl-Zahlen nicht erkennbar ist, konnten mit Propylenglykol aufgrund des erforderlichen niedrigen Dampfdrucks[1] nicht erreicht werden. Die Betrachtung der Spanne des Wärmeübergangskoeffizienten bei Propylenglykol zeigt jedoch am Beispiel einer Berieselungsdichte von $\dot{\Gamma} = 1{,}3 \frac{kg}{ms}$, dass von einer Prandtl-Zahl von $Pr = 40$ zu einer Prandtl-Zahl von $Pr = 58$ der Wärmeübergang von $\alpha = 810 \frac{W}{m^2K}$ auf $\alpha = 557 \frac{W}{m^2K}$ abnimmt. Bei Cyclohexanol hingegen liegt der Wärmeübergangskoeffizient bei einer Prandtl-Zahl von Pr = 45 bei $\alpha = 884 \frac{W}{m^2K}$ und nimmt bis zu einer Prandtl-Zahl von $Pr = 129$ auf $\alpha = 477 \frac{W}{m^2K}$ ab. Es ist zu prüfen, ob dieser Effekt auf einem unbekannten stoffabhängigen Einfluss beruht oder durch die Veränderung der Viskosität erklärt werden kann.

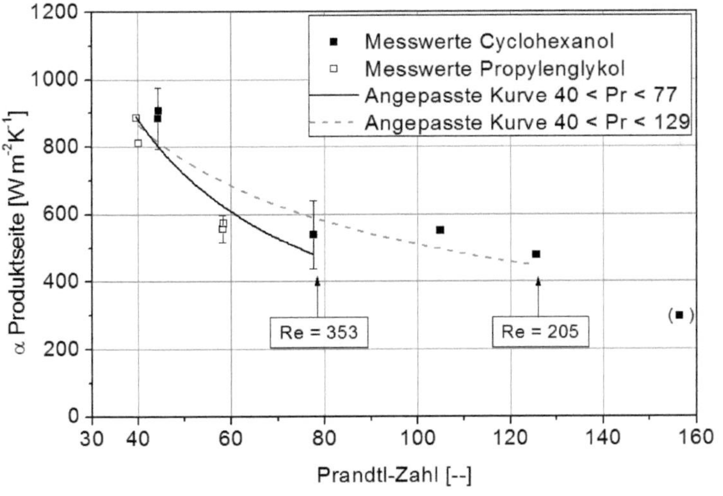

Abbildung 6.7: Produktseitiger Wärmeübergangskoeffizient als Funktion der Prandtl-Zahl für Cyclohexanol und Propylenglykol, Filmaufgabe: Glattwehr, Berieselungsdichte $\dot{\Gamma} = 1{,}3 \frac{kg}{ms}$

Dazu wurde bei konstanter Berieselungsdichte der produktseitige Wärmeübergang über der Prandtl-Zahl aufgetragen. Am Beispiel einer Berieselungsdichte von $\dot{\Gamma} = 1{,}3 \frac{kg}{ms}$ ist dies in Abb. 6.7 für das Glattwehr gezeigt. Unter Berücksichtigung weiterer Kurven bei konstanten Berieselungsdichten ist zu erkennen, dass im Bereich von $40 \leq Pr \leq 80$ für die beiden verwendeten Medien ein sehr ähnlicher Verlauf des Wärmeübergangskoeffizienten bei ansteigender Prandtl-Zahl auftritt, der für einen ersten Ansatz die stoffunabhän-

[1]Für Propylenglykol bei $Pr = 100$ beträgt der Dampfdruck $p_S \approx 3\ mbar$ ($T_S \approx 62\ °C$)

gige Modellierung erlaubt. Dabei liegen jedoch die Werte für Propylenglykol tendenziell etwas niedriger. Bei weiter steigender Prandtl-Zahl flacht die Kurve ab. Dies wird besonders deutlich, wenn für die unterschiedlichen Bereiche Kurven durch einen Potenzansatz an die Messwerte angepasst werden. Werden die Werte bis zu einer Prandtl-Zahl von $Pr = 129$ verwendet, so wird eine geringere Potenz der Prandtl-Zahl erreicht, die Kurve verläuft flacher. Das Abflachen der Kurve deutet in diesem Bereich auf eine Überlagerung von Effekten hin.

Der Verlauf des Wärmeübergangskoeffizienten in diesem Prandtl-Zahlenbereich ist nicht durch die Zunahme der mittleren Filmdicke zu erklären. Die mittlere Filmdicke nimmt mit steigender Prandtl-Zahl stetig zu, siehe Abb. 6.8.

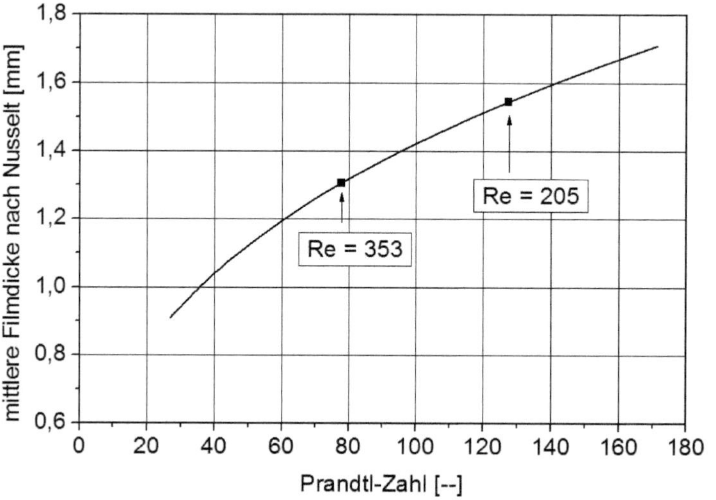

Abbildung 6.8: Verlauf der nach Nusselt berechneten mittleren Filmdicke bei steigender Prandtl-Zahl und konstanter Berieselungsdichte, vgl. [Arndt et al., 2011]

Berücksichtigt man, dass bei steigender Viskosität und gleicher Berieselungsdichte die Reynolds-Zahl abnimmt und sich damit die Filmstruktur in Richtung geringerer Turbulenz ändert, so wäre für einen gleich bleibenden Wärmeübergangskoeffizienten eine konstante oder absinkende mittlere Filmdicke nötig. Daher ist anzunehmen, dass es zu einer zusätzlichen Welligkeit des Filmes kommt, die den Wärmeübergang stabilisiert. In Kapitel 5.2 konnte gezeigt werden, dass die Viskosität die Welligkeit im Einlaufbereich, beziehungsweise die Länge des wellenfreien Bereiches des Rieselfilms beeinflusst. Wird dieser wellenfreie Bereich bei Prandtl-Zahlen von $110 \leq Pr \leq 129$ verkürzt, so ist ein verbesserter Wärmeübergang im Vergleich zu einem glatten Film zu erwarten, der die Abnahme des Wärmeübergangs mit steigender mittlerer Filmdicke überlagert. Das würde ein Abflachen des Verlaufes des Wärmeübergangskoeffizienten bei steigender Prandtl-Zahl erklären.

Da dies in der vorliegenden Arbeit nicht abschließend aufgeklärt werden kann, wird für eine Modellierung zunächst der Bereich bis zu einer Prandtl-Zahl von $Pr = 77$ berücksichtigt. Für diese Prandtl-Zahlen wurde für verschiedene Berieselungsdichten die Abhängigkeit des Wärmeübergangs von der Prandtl-Zahl durch Potenzansätze ermittelt. Die Kurven sind in doppeltlogarithmischer Auftragung in Abb. 6.9 dargestellt. Im Bereich hoher Berieselungsdichten verlaufen die Kurven ähnlich. Durch die Streuung der Messwerte und die Anpassung bei Berieselungsdichten mit wenigen Messwerten kommt es jedoch zu Änderungen der Steigung bei der doppeltlogarithmischen Darstellung. Wie erwartet verschieben sich die Kurven bei sinkender Berieselungsdichte zu niedrigeren Wärmeübergangskoeffizienten. Bei sehr niedrigen Berieselungsdichten ist die Tendenz zu einer geringeren Abhängigkeit des Wärmeübergangskoeffizienten von der Prandtl-Zahl erkennbar.

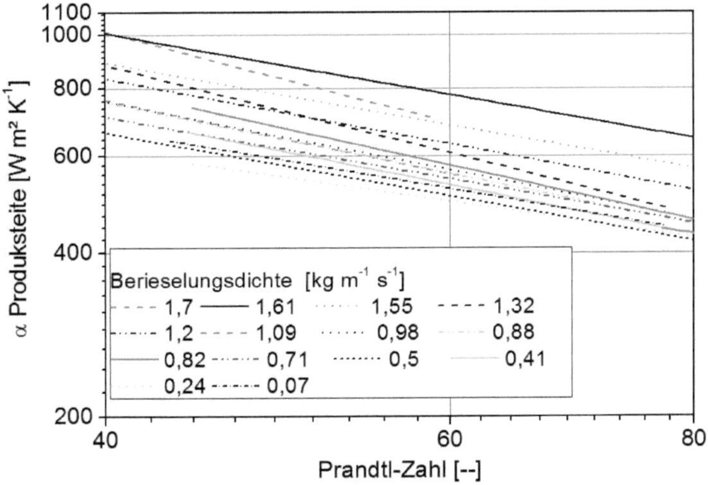

Abbildung 6.9: Abhängigkeit der produktseitigen Wärmeübergangskoeffizienten von der Prandtl-Zahl bei unterschiedlichen Berieselungsdichten Filmaufgabe: Glattwehr

Aus dem Mittelwert der ermittelten Potenzen für hohe Berieselungsdichten von $\dot{\Gamma} > 1{,}1\ \frac{kg}{ms}$ ergibt sich

$$\alpha_{Glatt} \propto Pr^{-0{,}721} \tag{6.10}$$

für Berieselungsdichten $\dot{\Gamma} \leq 0{,}24 \frac{kg}{ms}$ tendiert der Wert zu

$$\alpha_{Glatt} \propto Pr^{-0,59} \tag{6.11}$$

Dabei ist jedoch zu beachten, dass zum Teil wenige Messdaten zur Verfügung stehen und somit die Unsicherheit der Anpassung steigt. Die Abhängigkeiten dienen als Anfangswerte für eine Minimierung der Fehlerquadrate.

Für das Turmwehr wurden die ermittelten produktseitigen Wärmeübergangskoeffizienten ebenfalls über die Berieselungsdichte aufgetragen. Für Cyclohexanol ist dies in Abb. 6.10 gezeigt.

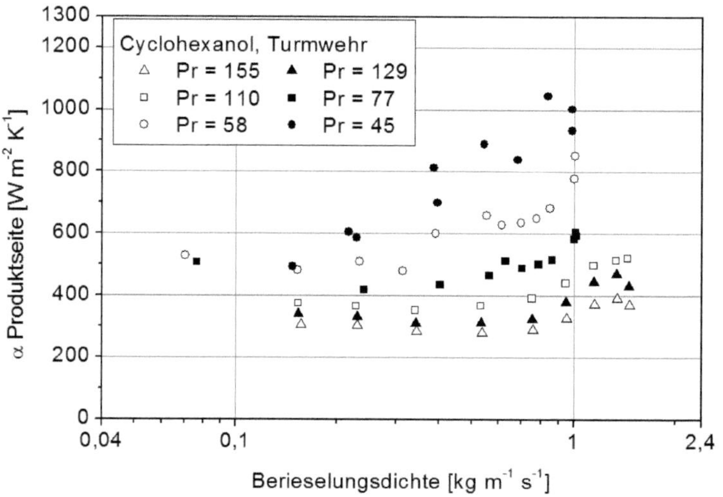

Abbildung 6.10: Produktseitiger Wärmeübergangskoeffizient für Cyclohexanol bei Filmaufgabe durch das Turmwehr, $45 \leq Pr \leq 155$

Im Vergleich zu den Messergebnissen mit dem Glattwehr fällt auf, dass der Anstieg des Wärmeübergangskoeffizienten für die Filmaufgabe durch das Turmwehr mit steigender Prandtl-Zahl nicht mehr bei einer konstanten Berieselungsdichte stattfindet. Bei den höchsten Prandtl-Zahlen von $110 \leq Pr \leq 155$ ist der Umschlag zum turbulenten Strömungsbereich bei einer Berieselungsdichte von $\dot{\Gamma} \approx 0{,}8 \frac{kg}{m \cdot s}$ zu erkennen. Bei niedrigeren Prandtl-Zahlen ist bereits bei niedrigeren Berieselungsdichten ein deutliches Ansteigen des Wärmeübergangskoeffizienten zu beobachten. Für eine Prandtl-Zahl von $Pr = 45$ beginnt der Umschlag zur turbulenten Strömung bereits bei $\dot{\Gamma} \approx 0{,}13 \frac{kg}{m \cdot s}$. Für die Verdampfung von Propylenglykol unter Verwendung des Turmwehres ist ebenfalls eine Verschiebung des Anstiegs zu kleineren Berieselungsdichten im Vergleich zu der Filmaufgabe durch das Glattwehr zu beobachten, siehe Abb. 6.11.

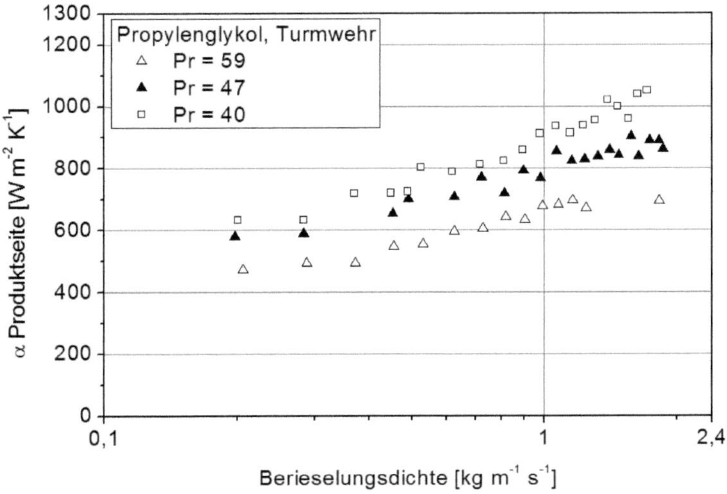

Abbildung 6.11: Produktseitiger Wärmeübergangskoeffizient für Propylenglykol bei Filmaufgabe durch das Turmwehr, $40 \leq Pr \leq 59$

Der Beginn des Anstiegs des Wärmeübergangskoeffizienten ist bei einer Berieselungsdichte von $\dot{\Gamma} \approx 0{,}35 \frac{kg}{m \cdot s}$ erkennbar. Ein Unterschied zwischen den verschiedenen Prandtl-Zahlen ist nur gering zu sehen. Der Grund dafür könnte in der deutlich geringeren Spanne der Prandtl-Zahlen liegen. Es zeigt sich, dass bei Verwendung des Turmwehres besonders für mittlere Prandtl-Zahlen und damit bei mittleren Viskositäten ein erhöhter Turbulenzeintrag möglich ist.

Die Betrachtung der Auftragung des produktseitigen Wärmeübergangskoeffizienten über der Prandtl-Zahl bei konstanter Berieselungsdichte für die Filmaufgabe mittels Turmwehr am Beispiel einer Berieselungsdichte von $\dot{\Gamma} \approx 0{,}9 \frac{kg}{m \cdot s}$ zeigt einen guten funktionellen Zusammenhang unabhängig vom Produktmedium, siehe Abb. 6.12. Im Gegensatz zu den Ergebnissen bei der Filmaufgabe durch das Glattwehr ist jedoch kein Abflachen im Bereich von $Pr > 77$ zu erkennen. Für das Glattwehr wurde angenommen, dass es zu einer zusätzlichen Welligkeit in diesem Bereich kommt. Da die Welligkeit durch das Turmwehr jedoch bereits erhöht ist, sind die Auswirkungen für diese Filmaufgabe nicht zu beobachten.

Für das Turmwehr wurden die Kurven $\alpha = f(Pr)$ für verschiedene Berieselungsdichten an die Messdaten angepasst und doppeltlogarithmisch aufgetragen, siehe Abb. 6.13. Gut erkennbar ist, dass die Kurven bei hohen Berieselungsdichten sich nur gering von einan-

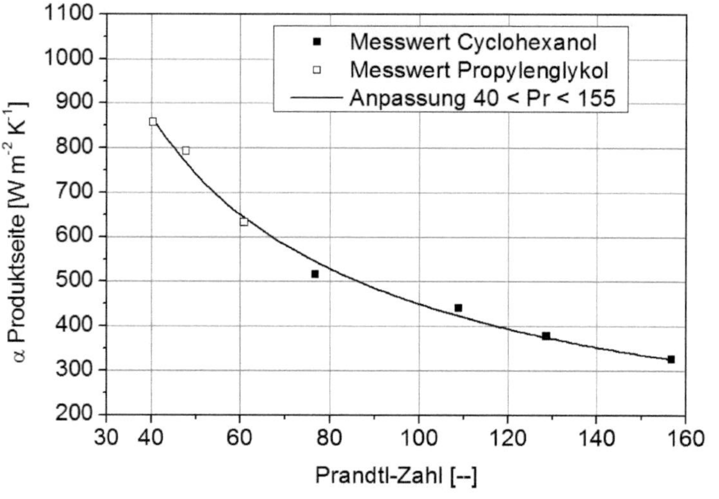

Abbildung 6.12: Produktseitiger Wärmeübergangskoeffizient als Funktion der Prandtl-Zahl für Cyclohexanol und Propylenglykol, Filmaufgabe: Turmwehr, Berieselungsdichte $\dot{\Gamma} = 0{,}9 \frac{kg}{ms}$

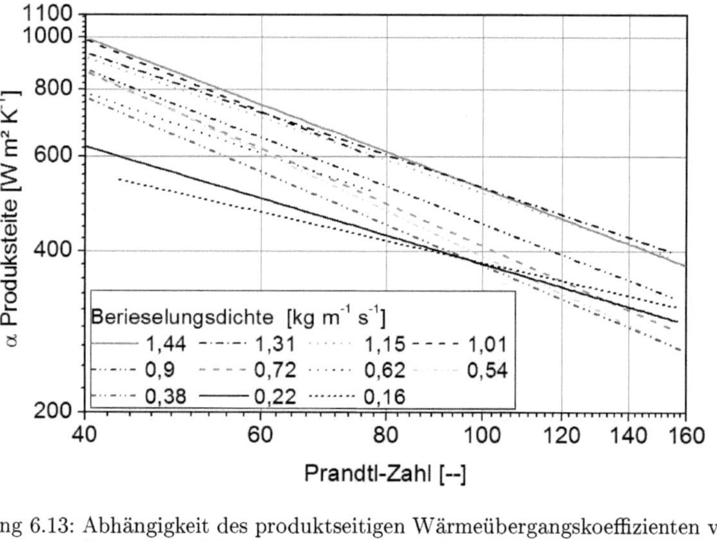

Abbildung 6.13: Abhängigkeit des produktseitigen Wärmeübergangskoeffizienten von der Prandtl-Zahl bei unterschiedlichen Berieselungsdichten, Filmaufgabe: Turmwehr

der unterscheiden. Ab einer Berieselungsdichte von $\dot{\Gamma} \approx 0{,}9 \,\frac{kg}{m\cdot s}$ beginnt eine deutliche Verschiebung zu niedrigeren Wärmeübergangskoeffizienten. Bei sehr niedrigen Berieselungsdichten sinkt die Steigung der Geraden in der doppeltlogarithmischen Auftragung deutlich. Die Abhängigkeit des Wärmeübergangskoeffizienten von der Prandtl-Zahl nimmt ab. Die deutlich unterschiedliche Neigung einiger Kurven ist auf die teilweise kleine Anzahl an Daten und die Streuung der Messwerte zurückzuführen.

Im Mittel ergibt sich für hohe Berieselungsdichten von $\dot{\Gamma} > 0{,}86 \,\frac{kg}{ms}$ eine Proportionalität von

$$\alpha_{Turm} \propto Pr^{-0{,}692} \tag{6.12}$$

und bei niedrigen Berieselungsdichten von $\dot{\Gamma} < 0{,}5 \,\frac{kg}{ms}$ von

$$\alpha_{Turm} \propto Pr^{-0{,}58} \tag{6.13}$$

Die ermittelten Proportionalitäten zwischen Turmwehr und Glattwehr unterscheiden sich nur geringfügig. Es werden daher für eine Minimierung der Fehlerquadrate gemittelte Werte der Potenzen als Anfangswerte verwendet. Für die Proportionalität bei niedrigen Berieselungsdichten entspricht die sehr ähnliche Proportionalität des Wärmeübergangskoeffizienten den Erwartungen, da sich die Messergebnisse der Nusselt-Zahl aufgetragen über der Reynolds-Zahl in diesem Bereich nicht signifikant unterschieden. Für den Bereich hoher Berieselungsdichten zeigt die sehr ähnliche Proportionalität zwischen Glatt- und Turmwehr, dass sich der Einfluss der Viskosität im Bereich von Prandtl-Zahlen $40 \leq Pr \leq 77$ unabhängig von der Filmaufgabe entwickelt. Bei höheren Prandtl-Zahlen, die für die Ermittlung der Proportionalität für das Glattwehr nicht berücksichtigt werden, ändert sich jedoch der Einfluss der Viskosität beim Einsatz unterschiedlicher Filmaufgabesysteme.

Für die Ermittlung der Abhängigkeit des Wärmeübergangskoeffizienten von der Berieselungsdichte bei hohen Berieselungsdichten erfolgt die Auftragung des Quotienten $\frac{\alpha}{Pr^{-0{,}707}}$ über die Péclet-Zahl. Für das Glattwehr ist dies in Abb. 6.14 dargestellt.

Diese dimensionslose Kennzahl, gebildet aus dem Produkt aus Reynolds-Zahl und Prandtl-Zahl, erlaubt die dimensionslose Auftragung unabhängig von der Viskosität. Die Péclet-Zahl beschreibt dabei nach ursprünglicher Definition das Verhältnis aus konvektivem Wärmeübergang zum Wärmeübergang durch Leitung. Zu erkennen ist, dass hier eine Modellierung für Cyclohexanol und Propylenglykol möglich ist, ohne auf eine stoffspezifische Unterscheidung zurückgreifen zu müssen. Die Anpassung durch einen Potenzansatz für das Glattwehr ergibt

$$\frac{\alpha_{Glatt}}{Pr^{-0{,}707}} = 115 \cdot Pe^{0{,}46} \tag{6.14}$$

Umgeformt nach α ergibt sich für den turbulenten Bereich

$$\alpha_{Glatt} = 115 \cdot Pe^{0{,}46} \cdot Pr^{-0{,}707} \tag{6.15}$$

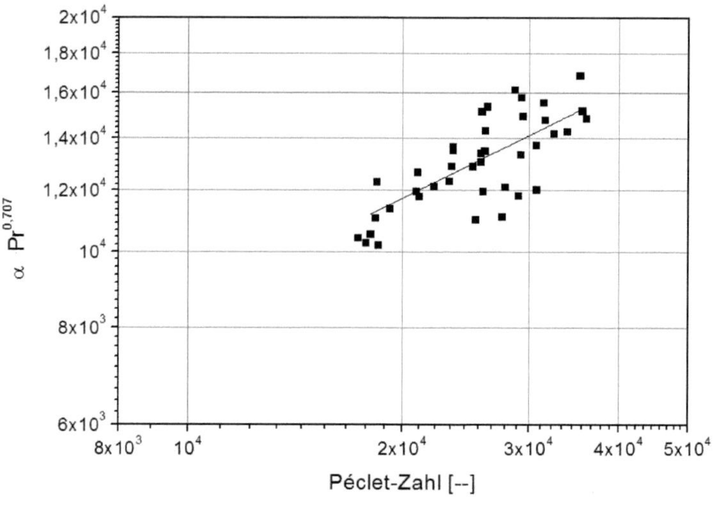

Abbildung 6.14: Auftragung des Quotienten $\frac{\alpha}{Pr^{-0,707}}$ über die Peclet-Zahl für das Glattwehr

Bei der Anpassung für das Turmwehr besteht die Schwierigkeit, dass der Anstieg des Wärmeübergangskoeffizienten mit steigender Berieselungsdichte nicht mehr bei einer konstanten Berieselungsdichte beginnt. Für eine Anpassung sind daher im Bereich des Anstiegs jeweils wenige Daten vorhanden, da für jede Prandtl-Zahl die Grenze zum Anstieg identifiziert werden und eine eigene Anpassung erfolgen muss. In einem erstem Ansatz wird angenommen, dass die Abhängigkeit im turbulenten Bereich identisch zu der des Glattwehres ist. Es ergibt sich

$$\frac{\alpha_{Turm}}{Pr^{-0,707}} = 137 \cdot Pe^{0,46} \tag{6.16}$$

$$\alpha_{Turm} = 137 \cdot Pe^{0,46} \cdot Pr^{-0,707} \tag{6.17}$$

Die Gleichungen unterscheiden sich lediglich um den Faktor 1,18. Im Bereich hoher Reynolds-Zahlen verstärkt das Turmwehr den Wärmeübergang um etwa 20 %. Dies stimmt in der Gesamtbetrachtung, mit Ausnahme der Prandtl-Zahlen $Pr = 110$ und $Pr = 129$ gut mit den Beobachtungen der Auftragung der Nusselt-Zahl über der Reynolds-Zahl überein.

Um einen Vergleich mit bisherigen Gleichungen nach dem Ansatz gemäß Gl. 6.8 zu ermöglichen, wird die Gleichung nun mit dem Quotienten $\frac{\left(\frac{\nu^2}{g}\right)^{\frac{1}{3}}}{\lambda}$, der charakteristischen Länge und der Wärmeleitfähigkeit erweitert, um einen Ausdruck für die Nusselt-Zahl zu erhalten:

$$\alpha \cdot \frac{\left(\frac{\nu^2}{g}\right)^{\frac{1}{3}}}{\lambda} = Nu_t = 115 \cdot Pe^{0,46} \cdot Pr^{-0,707} \cdot \frac{\left(\frac{\nu^2}{g}\right)^{\frac{1}{3}}}{\lambda} \tag{6.18}$$

Wird die Péclet-Zahl durch das Produkt aus Reynolds-Zahl und Prandtl-Zahl ersetzt sowie die Gleichung mit $c_p^{\frac{2}{3}}$ und $\lambda_p^{\frac{2}{3}}$ erweitert, kann die Gleichung auf die übliche Form modifiziert werden.

$$Nu_{t,Glatt} = 115 \cdot (Re \cdot Pr)^{0,46} \cdot Pr^{-0,707} \cdot \frac{\left(\frac{\nu^2}{g}\right)^{\frac{1}{3}}}{\lambda} \cdot \frac{c_p^{\frac{2}{3}}}{c_p^{\frac{2}{3}}} \cdot \frac{\lambda^{\frac{2}{3}}}{\lambda^{\frac{2}{3}}} \tag{6.19}$$

Durch Ersetzten der kinematischen Viskosität ν durch die dynamische Viskosität η lässt sich die Gleichung für das Glattwehr darstellen zu

$$Nu_{t,Glatt} = \frac{115}{g^{\frac{1}{3}} \cdot \lambda^{\frac{1}{3}} \cdot c_p^{\frac{2}{3}} \cdot \rho^{\frac{2}{3}}} \cdot Re^{0,46} \cdot Pr^{0,413} \tag{6.20}$$

Analog dazu ergibt sich für das Turmwehr

$$Nu_{t,Turm} = \frac{137}{g^{\frac{1}{3}} \cdot \lambda^{\frac{1}{3}} \cdot c_p^{\frac{2}{3}} \cdot \rho^{\frac{2}{3}}} \cdot Re^{0,46} \cdot Pr^{0,413} \tag{6.21}$$

Ein Vergleich mit den bisher in der Literatur verwendeten Modellen zeigt, dass sich die Potenzen für die Reynolds-Zahl und die Prandtl-Zahl nur leicht unterscheiden. Der Hauptunterschied liegt in der Berücksichtigung der Stoffdaten im Vorfaktor. Durch die Berücksichtigung der Wärmeleitfähigkeit, der Dichte und der spezifischen Wärmekapazität im Vorfaktor wird die Verwendung der Modellgleichungen sowohl für Cyclohexanol als auch für Propylenglykol möglich.

Für den laminar-welligen Bereich wurde die Abhängigkeit des Wärmeübergangs von der Berieselungsdichte und damit von der Péclet-Zahl aus Abschnitt 6.1 übernommen. Es ergibt sich für den Wärmeübergangskoeffizienten

$$\alpha_{l-w} = 10516 \cdot Pe^{-0,08} \cdot Pr^{-0,58} \tag{6.22}$$

Analog zum turbulenten Bereich kann diese Gleichung umgeformt werden, um die Nusselt-Zahl in Abhängigkeit von der Reynolds-Zahl zu ermitteln:

$$Nu_{l-w} = \frac{10516}{g^{\frac{1}{3}} \cdot \lambda^{\frac{1}{3}} \cdot c_p^{\frac{2}{3}} \cdot \rho^{\frac{2}{3}}} \cdot Re^{-0,08} \tag{6.23}$$

Hier fällt insbesondere auf, dass keine zusätzliche Einführung der Prandtl-Zahl über den Einfluss der Viskosität, der durch die Reynolds-Zahl abgedeckt ist, nötig ist.

Die Gleichungen für den laminar-welligen und den turbulenten Strömungsbereich werden nun nach

$$Nu = \left(Nu_{l-w}^5 + Nu_t^5\right)^{\frac{1}{5}} \tag{6.24}$$

überlagert, in Anlehnung an das Modell nach Alhusseini. Auf diese Weise können für das Glattwehr 91 % aller Messwerte und für das Turmwehr 93 % aller Messwerte mit ±15 %*v.M.* beschrieben werden, siehe Abb. 6.15 und Abb. 6.16.

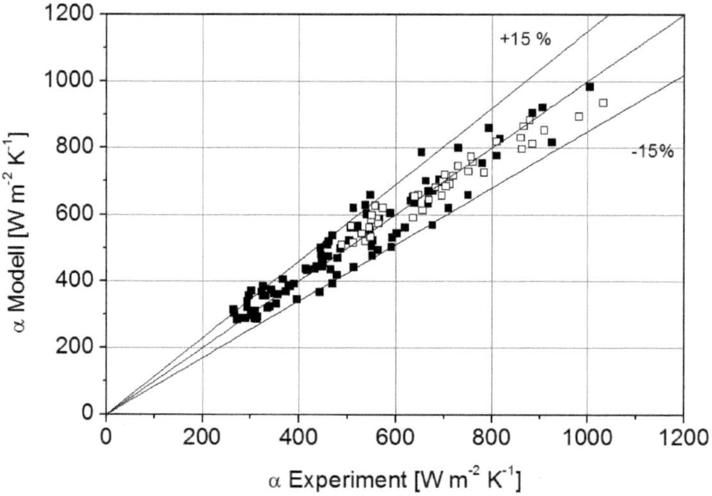

Abbildung 6.15: Vergleich der Modellwerte mit den experimentell ermittelten Wärmeübergangskoeffizienten, Glattwehr

Dieser Prozentsatz beinhaltet für das Glattwehr auch die Messwerte mit Prandtl-Zahlen $Pr > 77$. Bei diesen Prandtl-Zahlen werden nach dem Modell tendenziell niedrigere Werte berechnet als die experimentellen Daten, siehe Abb. 6.17. Dies ermöglicht eine konservative Auslegung von Fallfilmverdampfern bei Prandtl-Zahlen von $77 \leq Pr \leq 129$. Zusammengefasst lässt sich die Nusselt-Zahl bei der Fallfilmverdampfung berechnen zu

$$Nu_{l-w} = \frac{10516}{g^{\frac{1}{3}} \cdot \lambda^{\frac{1}{3}} \cdot c_p^{\frac{2}{3}} \cdot \rho^{\frac{2}{3}}} \cdot Re^{-0,08} \tag{6.25}$$

$$Nu_t = \frac{f_w \cdot 115}{g^{\frac{1}{3}} \cdot \lambda^{\frac{1}{3}} \cdot c_p^{\frac{2}{3}} \cdot \rho^{\frac{2}{3}}} \cdot Re^{0,46} \cdot Pr^{0,413} \tag{6.26}$$

$$f_w = \begin{cases} 1 & Glattwehr \\ 1{,}18 & Turmwehr \end{cases} \tag{6.27}$$

$$Nu = \left(Nu_{l-w}^5 + Nu_t^5\right)^{\frac{1}{5}} \tag{6.28}$$

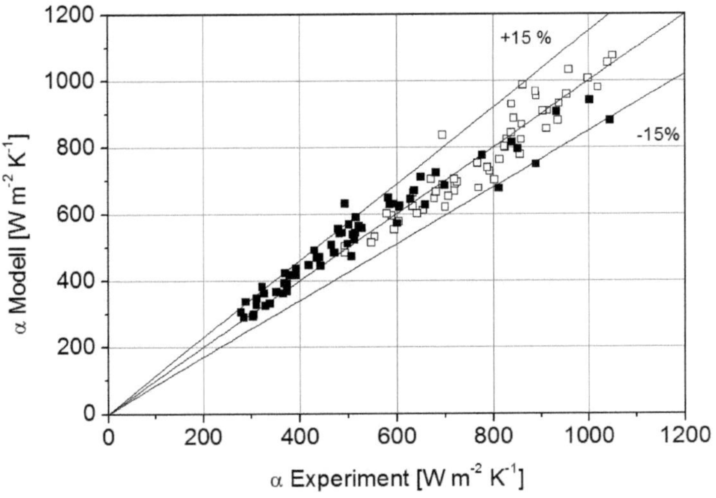

Abbildung 6.16: Vergleich der berechneten Werte mit den experimentell ermittelten Wärmeübergangskoeffizienten, Turmwehr

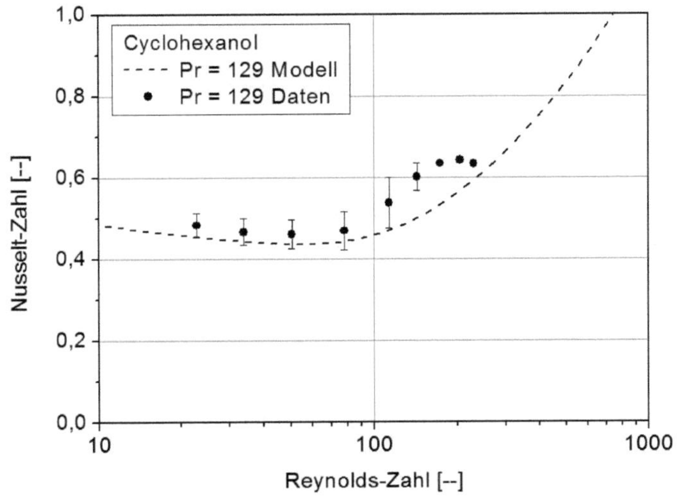

Abbildung 6.17: Vergleich der experimentellen Daten mit dem Modell für Cyclohexanol, $Pr = 129$, Glattwehr

Das vorgestellte Modell ermöglicht es, den Wärmeübergang bei der Fallfilmverdampfung viskoser Reinstoffe für Cyclohexanol und Propylenglykol, beispielhaft dargestellt in Abb. 6.18 mit einer deutlichen Reduzierung der nötigen Fallunterscheidungen zu berechnen. Für das Turmwehr wurde bisher nicht berücksichtigt, dass sich der Anstieg des Wärmeübergangs bei steigender Berieselungsdichte mit steigender Viskosität zu höheren Berieselungsdichten verschiebt. Ebenso konnte bisher nicht in die Modellierung eingehen, dass es bei der Filmaufgabe durch das Glattwehr bei hohen Viskositäten zu einem Abflachen der Abhängigkeit des Wärmeübergangs von der Prandtl-Zahl kommt. Die Ursachen hierfür sind in weiteren Experimenten zu klären und können dann in die Weiterentwicklung des Modells eingehen. Gezeigt werden konnte, dass eine stoffunabhängige Modellierung möglich ist, wenn die den Wärmeübergang beeinflussenden Faktoren explizit berücksichtigt werden.

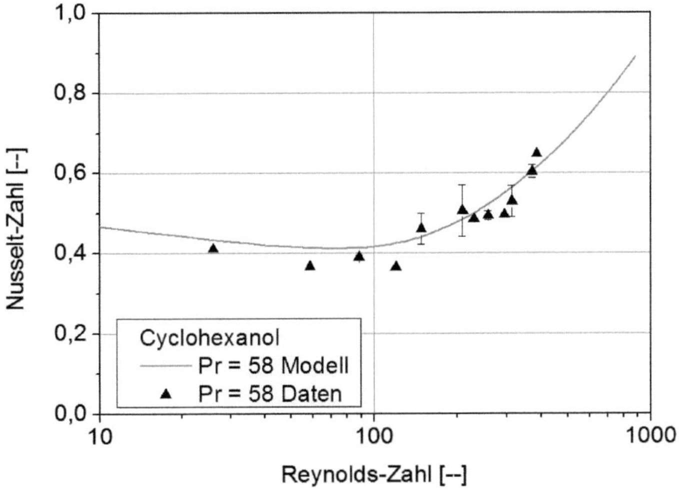

(a) Cyclohexanol, Turmwehr, Pr = 58

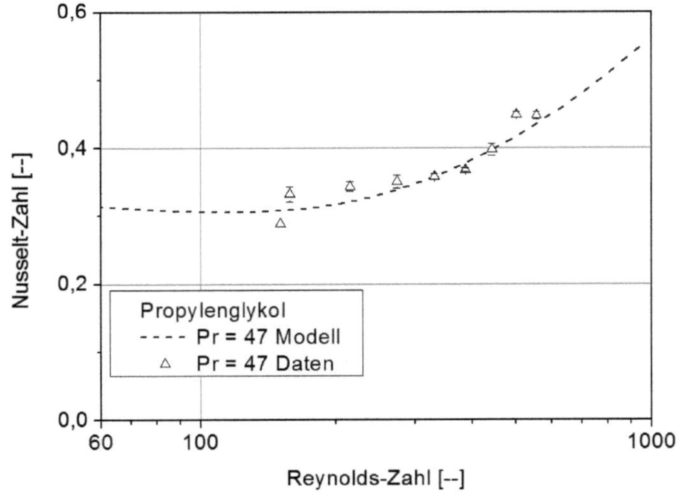

(b) Propylenglykol, Pr = 47

Abbildung 6.18: Vergleich der experimentellen Daten mit dem Modell

7 Zusammenfassung

Die Fallfilmverdampfung viskoser Reinstoffe war Gegenstand der vorliegenden Arbeit. Dabei wurde insbesondere die Geometrie der Filmaufgabe berücksichtigt. Zum Einsatz kamen zwei unterschiedliche Anlagen, ein Fallfilmverdampfer zur Messung des Wärmeübergangs der Produktseite und eine unbeheizte Rieselfilmanlage zur Beobachtung der Filmstruktur besonders im Einlaufbereich. Die Geometrie der Filmaufgabe wurde in beiden Anlagen durch die Verwendung eines Glattwehrs und eines Turmwehrs variiert.

Zur Messung des Wärmeübergangs bei hohen Viskositäten und damit hohen Prandtl-Zahlen wurde ein Edelstahl-Einrohr-Verdampfer mit einer beheizten Länge von $l = 2{,}5\,m$ aufgebaut, bei dem der Überlauf austauschbar ist. Für Wasser, Propylenglykol und Cyclohexanol wurden die Wärmeübergangskoeffizienten und die produktseitige Nusselt-Zahl in Abhängigkeit von Reynolds-Zahl und der Filmaufgabe bestimmt. Die Datenbasis für die Verdampfung von Reinstoffen wurde in einem Bereich bis zu einer Prandtl-Zahl von $Pr = 155$ bedeutend erweitert, besonders im Hinblick auf den Einfluss der Anlagengeometrie.

Die Messergebnisse mit Wasser zeigten, dass für das Glattwehr eine gute Übereinstimmung mit den im VDI-Wärmeatlas [Schnabel et al., 2006, Abschnitt Md] empfohlenen Gleichungen zu erzielen ist. Die Wärmeübergangsmessungen mit dem Glattwehr und den viskosen Medien belegten jedoch, dass die bisher veröffentlichten Korrelationen zur Berechnung der Nusselt-Zahl nach VDI Wärmeatlas [Schnabel et al., 2006, Abschnitt Md], Alhusseini et al. [Alhusseini, 1995; Alhusseini et al., 1998; Alhusseini et al., 2000] und Weise [Weise, 2007] bei hohen Prandtl-Zahlen die Messergebnisse nicht zufriedenstellend beschreiben. Sowohl für Cyclohexanol als auch für Propylenglykol ergaben die Messungen niedrigere Nusselt-Zahlen, als dies nach den Korrelationen nach Weise und Alhusseini zu erwarten war. Zudem war der Beginn des Anstiegs, welcher dem turbulenten Strömungsbereich zugeordnet wird, zu höheren Reynolds-Zahlen verschoben. Unter Berücksichtigung der für die Ermittlung der Korrelationen verwendeten Medien und Anlagenkonfigurationen konnte gezeigt werden, dass ein Einfluss der Einlaufgeometrie vorliegt.

Die Messergebnisse für die Nusselt-Zahl bei der Verdampfung von Wasser und der Filmaufgabe durch das Turmwehr zeigten zunächst keinen Einfluss der Einlaufgeometrie auf den Wärmeübergangskoeffizienten. Bei der Verdampfung von Propylenglykol und Cyclohexanol konnten die Wärmeübergangskoeffizienten durch den Einsatz des Turmwehres signifikant verbessert werden. Diese Verbesserung beschränkt sich jedoch auf den Bereich erhöhter Reynolds-Zahlen. Der Anstieg der Nusselt-Zahl war im Vergleich zu den Messungen von Weise [Weise, 2007] weiterhin zu höheren Reynolds-Zahlen verschoben, so dass die Lauflänge des Rieselfilms als weitere Einflussgröße identifiziert werden konnte.

Für die Beobachtung der Filmstruktur im oberen Bereich der Rieselfilm-Lauflänge wurde eine Fluiddynamikanlage aufgebaut, die im Innendurchmesser dem Fallfilmverdampfer entspricht, jedoch aus einem Plexiglasrohr besteht. Eine Messmethode wurde entwickelt, die aufgrund von fotografischen Aufnahmen mit einer computergestützten Auswertung die objektive Beurteilung des wellenfreien Bereiches zu Beginn des Rieselfilms erlaubt. Die Messungen wurden mit Wasser und Luviskol-Lösungen mit sechs verschiedenen Viskositäten im newton'schen Fließbereich durchgeführt.

Die visuellen Beobachtungen machten deutlich, dass ein ausgeprägter wellenfreier Bereich mit Längen von bis zu $l = 0{,}50\ m$ vorhanden ist. Dabei waren bei gleichen Versuchseinstellungen bezüglich Medium, Berieselungsdichte und Filmaufgabe starke Schwankungen des wellenfreien Bereiches zu beobachten. Durch die computergestützte Auswertung konnte gezeigt werden, dass ein Einfluss der Berieselungsdichte und der Viskosität auf die wellenfreie Einlaufzone existiert. Die Geometrie der Filmaufgabe wurde ebenfalls als Einflussgröße identifiziert, der Einfluss ist jedoch bei steigender Berieselungsdichte nicht konstant. Für das Turmwehr konnte bei hohen Berieselungsdichten und mittlerer Viskosität eine Wellenbildung bei niedrigeren Lauflängen beobachtet werden, bei niedrigen Berieselungsdichten war zum Teil eine verlängerte wellenfreie Zone erkennbar. Die Messungen geben Anhaltspunkte, dass der erhöhte Wärmeübergang für die Filmaufgabe durch das Turmwehr auf eine gesteigerte Welligkeit im Einlaufbereich zurück zu führen ist.

Durch die Modifikation des Modells nach Alhusseini und eine Isolierung der für den Wärmeübergang maßgeblichen Einflussgrößen wurde die Möglichkeit einer stoffunabhängigen Modellierung geprüft. Die Anpassung an das Modell nach Alhusseini zeigte, dass für eine Beschreibung der eigenen Messdaten eine große Anzahl an Fallunterscheidungen bezüglich des Produktmediums und der Anlagengeometrie erforderlich war. Durch die direkte Modellierung des Wärmeübergangskoeffizienten α in Abhängigkeit von der Prandtl-Zahl bei konstanter Berieselungsdichte sowie der Péclet-Zahl konnte jedoch eine stoffunabhängige Modellierung erfolgen.

Im Fazit sind folgende Aussagen zu treffen:

- Durch die Messung des Wärmeübergangskoeffizienten bei Prandtl-Zahlen von $1{,}7 \leq Pr \leq 155$ in einem Edelstahl-Fallfilmverdampfer konnte die Datenbasis im technisch relevanten Bereich deutlich erhöht werden.
- Die bisher vorhandenen Berechnungsgleichungen beschreiben die ermittelten Wärmeübergangskoeffizienten unzureichend, tendenziell überschätzen sie diese.
- Die Geometrie der Anlage, insbesondere die Filmaufgabe und die beheizte Länge, haben in diesem Längenbereich einen signifikanten Einfluss auf den integralen Wärmeübergangskoeffizienten.

- Im Bereich nach der Filmaufgabe bildet sich eine wellenfreie Zone aus, die durch die Berieselungsdichte, die Viskosität des Produktes sowie die Geometrie der Filmaufgabe beeinflusst werden kann.
- Eine stoffunabhängige Modellierung ist möglich, wenn die Einflussgrößen identifiziert und getrennt betrachtet werden.

Über die getroffenen Aussagen hinaus geben die Messergebnisse der Arbeit Anhaltspunkte für weitere Forschungsarbeiten. Die Messergebnisse zu den integralen Wärmeübergangskoeffizienten haben gezeigt, dass der Vergleich unterschiedlicher Anlagen eine Herausforderung darstellt. Für ein genaueres Verständnis der Einflussgrößen ist es nötig, ortsaufgelöste Wärmeübergangsmessungen durchzuführen und so die Grundlage für eine lauflängenabhängige Modellierung zu schaffen. Zur Unterstützung sollten die fluiddynamischen Eigenschaften des Filmes ebenfalls lokal bestimmt werden. Um den Einfluss der Einlaufgeometrie besser quantifizieren zu können, ist der Vergleich einer größeren Anzahl an Einlaufgeometrien wünschenswert.

Die durchgeführte Modellierung zeigte, dass eine stoffunabhängige Berechnung des Wärmeübergangskoeffizienten möglich ist. Durch die Untersuchung des Wärmeübergangskoeffizienten für weitere viskose Reinstoffe sollten die Parameter der vorgeschlagenen Berechnungsgleichungen überprüft und gegebenenfalls angepasst werden. Auch der Einfluss der Oberflächenspannung konnte in der vorliegenden Arbeit nicht abschließend geklärt werden und sollte Gegenstand weiterer Untersuchungen sein. Berücksichtigt werden muss dabei jedoch, dass eine isolierte Variation der Oberflächenspannung in ausreichendem Maße nahezu immer mit einer deutlichen Änderung anderer Stoffdaten einher geht.

Die numerische Simulation, die derzeit wegen der hohen benötigten Auflösung sowie der Komplexität der Vorgänge an der Phasengrenzfläche schwierig ist, könnte maßgeblich zum Verständnis der Vorgänge bei der Fallfilmverdampfung viskoser Reinstoffe beitragen.

8 Literaturverzeichnis

Adomeit, P. und U. Renz (2000). „Hydrodynamics of three-dimensional waves in laminar falling films“. *Int. J. Multiphase Flow* 26(7), S. 1183–1208.

Al-Sibai, F. (2004). „Experimentelle Untersuchung der Strömungscharakteristik und des Wärmeübergangs bei welligen Rieselfilmen“. Diss. Aachen: RWTH Aachen.

Alhusseini, A. A. (1995). „Heat and mass transfer in falling film evaporation of viscous liquids“. Diss. Bethlehem, Pennsylvania, USA: Lehigh University.

Alhusseini, A. A., K. Tuzla und J. C. Chen (1998). „Falling film evaporation of single component liquids“. *Int. J. Heat Mass Transfer* 41(12), S. 1623–1632.

Alhusseini, A. A. und J. C. Chen (2000). „Transport Phenomena in Turbulent Falling Films“. *Industrial engineering chemistry research. - Washington* 39(6), S. 2091–2100.

Arndt, S. und S. Scholl (2011). „Evaporation of single component viscous liquids in a metal falling film evaporator“. *Heat and Mass Transfer* 47(8), S. 963–971.

Asblad, A. und T. Berntsson (1991). „Surface evaporation of turbulent falling films“. *Int. J. Heat Mass Transfer* 34(3), S. 835–841.

Belkin, H. H. et al., (1959). „Turbulent liquid flow down vertical walls“. *AIChE J.* 5(2), S. 245–248.

Blangetti, F. (1979). „Lokaler Wärmeübergang bei der Kondensation mit überlagerter Konvektion im vertikalen Rohr“. Diss. Karlsruhe: Universität Karlsruhe.

Brauer, H. (1956). *Strömung und Wärmeübergang bei Rieselfilmen, Techn. Hochsch., Diss.-Hannover, 1956.* Bd. 457. Beil. zu "Forschung auf d. Gebiete d. Ingenieurwesens" Ausg. B, Bd. 22. Düsseldorf: VDI-Verl.

Braun, D. (1969). „Die effektive Diffusion im welligen Rieselfilm“. Diss. Aachen: RWTH Aachen.

Braun, D., H. Eckstein und J. W. Hiby (1971). „Messung der Oberflächengeschwindigkeit von Rieselfilmen“. *Chem. Ing. Tech.* 43(6), S. 324–329.

Brauner, N. und D. M. Maron (1982). „Characteristics of inclined thin films, Waviness and the associated mass transfer“. *Int. J. Heat Mass Transfer* 25(1), S. 99–110.

Chen, F. (2004). „An analysis of black liquor falling film evaporation“. *Int. J. Heat Mass Transfer* 47(8-9), S. 1657–1671.

Chen, H. (1997). „Factors Affecting Heat Transfer in Falling Film Evaporators“. *Institution of Chemical Engineers : Transactions of the Institution of Chemical Engineers* 75(2), S. 111–116.

Chu, K. J. und A. E. Dukler (1974). „Statistical characteristics of thin, wavy films: II“. *AIChE J.* 2(4), S. 695–706.

Chun, K. R. und R. A. Seban (1971). „Heat transfer to evaporating liquid films“. *J. of Heat Transfer Trans. ASME* 93(4), S. 391–396.

Coulon, H. (1971). „Wärmeübertragung und Stabilitätsverhältnisse bei Rieselfilmen“. Diss. Braunschweig: Technischen Universität Braunschweig.

Dukler, A. E. (1960). „Fluid mechanics and heat transfer in vertical falling film systems“. *Chem. Eng. Progress Symposium Series* 56(30), S. 1–10.

Dukler, A. E. (1961). „Predicting heat transfer coefficients for Film flow“. *Petro/Chem. Engr.* 33(8 und 10), S. 43–53.

Dukler, A. E. und O. P. Bergelin (1952). „Characteristics of Flow in Falling Liquid Films“. *Chem. Eng. Prog.* 48(11), S. 557–563.

Elle, C. (1970). „Der Wärmeübergang bei der Rieselfilmverdampfung des Kältemittels R11 und des Kältemittel-Öl-Gemisches R11 - 51 KM 33“. Diss. Dresden: Technische Universität Dresden.

Feind, K. (1960). *Strömungsuntersuchungen bei Gegenstrom von Rieselfilmen und Gas in lotrechten Rohren: VDI-Forsch.-Heft 481,* Düsseldorf: VDI-Verlag.

Friedman, S. J. und C. O. Miller (1941). „Liquid Films in the Viscous Flow Region“. *Industrial Engineering Chemistry* 33(7), S. 885–891.

Fujita, T. und T. Ueda (1978). „Heat transfer to falling liquid films and film breakdown—II Saturated liquid films with nucleate boiling“. *Int. J. Heat Mass Transfer* 21(2), S. 109–118.

Fulford, G. D. (1964). „The Flow of Liquids in Thin Films“. In: Hrsg. von Drew T. B. et al., Bd. 5. Advances in Chemical Engineering. Academic Press, S. 151 –236.

Gross, U. et al., (2009). „Wave frequency of falling liquid films and the effect on reflux condensation in vertical tubes“. *Int. J. Multiphase Flow* 35(4), S. 398–409.

Haase, B. (1966). „Beitrag zur Klärung der Wärmeübertragungsverhältnisse an einem siedenden Rieselfilm“. Diss. Magdeburg: Technische Hochschule Otto von Guericke Magdeburg.

Haase, B. (1970). „Der Wärmeübergang am siedenden Rieselfilm“. *Chem. Tech.* 22(Heft 5), S. 283–287.

Helbig, Klaus (2007). „Messung zur Hydrodynamik und zum Wärmetransport bei der Filmverdampfung“. Diss. Darmstadt: Technischen Universität Darmstadt.

Ishigai, S. et al., (1972). „Hydrodynamics and heat transfer of vertical falling liquid films: Part I“. *Bull JSME* 15(83), S. 594.

Jackson, M. L. (1955). „Liquid films in viscous flow“. *AIChE J.* 1(2), S. 231–240.

Jebson, R. S. und Hong Chen (1997). „Performances of falling film evaporators on whole milk and a comparison with performance on skim milk“. *J. of Dairy Research* 64(01), S. 57–67.

Johansson, Miriam, Lennart Vamling und Lars Olausson (2006). „Falling film evaporation of black liquor - comparison with general heat transfer correlations“. *Nord. Pulp Paper Res. J.* 21(4), S. 496–506.

Kapitza, P. L. und S. P. Kapitza (1948). „Wave flow of thin layers of a viscous fluid“. *Zh. Eksp. Tekh. Fiz.* 18(3).

Karapantsios, T. D., S. V. Paras und A. J. Karabelas (1989). „Statistical characteristics of free falling films at high Reynolds numbers“. *Int. J. Multiphase Flow* 15(1), S. 1–21.

Kirkbride, C. G. (1934). „Heat Transfer by Condensing Vapor on Vertical Tubes“. *Industrial & Engineering Chemistry* 26(4), S. 425–428.

Kleiber, M. und R. Joh (2006). „Berechnungsmethoden für Stoffeigenschaften“. In: *VDI Wärmeatlas.* 10. Aufl. VDI-Gesellschaft Verfahrenstechnik und Chemieingenieurwesen, Springer- Verlag Berlin Heidelberg. Kap. Da.

Krupiczka, R., Z. Ziobrowski und A. Rotkegel (2008). „Evaporation of water film to forced flow of inert gas inside a vertical tube“. *Chemical and Process Engineering - Inzynieria Chemiczna i Procesowa* 29(3), S. 541–549.

Krupiczka, Roman, Adam Rotkegel und Zenon Ziobrowski (2002). „Heat transfer to evaporating liquid films within a vertical tube“. *Chem. Eng. Process.* 41(1), S. 23–28.

Kunz, H. R. und S. Yerazunis (1969). „An Analysis of Film Condensation, Film Evaporation, and Single-phase Heat Transfer for Liquid Prandtl Numbers from 10-3 to 10 4“. *J. of Heat Transfer* 8, S. 413–420.

Kutaledze, S. S. (1963). *Fundamentals of heat transfer.* New York: Academic Press.

Lehnberger, A. (2002). *Wärmeübergang im Fallfilmverdampfer mit glatten und profilierten Rohren bei kleinen Temperaturgefällen.* Bd. 734. VDI-Fortschr.-Berichte, Reihe 3. Düsseldorf: VDI-Verl.

Lel, V. V., F. Al-Sibai und R. Kneer (2009). „Thermal Entry Length and Heat Transfer Phenomena in Laminar Wavy Falling Films“. *Microgravity Science and Technology* 21(S1), S. 215–220.

Lel, V. et al., (2007). „Investigation of the thermal entry length in laminar wavy falling films“. *Microgravity Science and Technology* 19(3), S. 66–68.

Leuthner, S. (1999). *Messungen und Modellierungen zum Energie- und Stofftransport in Fallfilmen.* Bd. 594. VDI-Fortschr.-Berichte, Reihe 3. Düsseldorf: VDI Verl.

Lozano Aviles, Miriam (2007). *Experiments on falling film evaporation of a water-ethylene glycol mixture on a surface with longitudinal grooves.* 1. Aufl. Verfahrenstechnik. München: Verl. Dr. Hut.

Meza, C. E. und V. Balakotaiah (2008). „Modeling and experimental studies of lafrge amplitude waves an vertically falling films“. *Chem. Eng. Sci.*

Müller, J. und R. Numrich (2006). „Filmkondensation reiner Dämpfe“. In: *VDI Wärmeatlas.* 10. VDI-Gesellschaft Verfahrenstechnik und Chemieingenieurwesen, Springer-Verlag Berlin Heidelberg. Kap. Ja.

Mudawwar, I. A. und M. A. El-Masri (1986). „Momentum and heat transfer across freely-falling turbulent liquid films“. *Int. J. Multiphase Flow* 12(5), S. 771–790.

Numrich, R. (1992). „Wärmeübergang bei der Fallfilmverdampfung“. *Wärme- und Stoffübertragung* 27(5), S. 331–335.

Numrich, Reiner (1994). *Stoff-, Wärme- und Impulsaustausch bei der Kondensation von Ein- und Mehrkomponentensystemen.* Verfahrenstechnik. Aachen: Shaker.

Nusselt, W. (1916). „Die Kondensation des Wasserdampfes“. *Zeitschrift des Vereins Deutscher Ingenieure* 60(27), S. 541–546.

Papendieck, H. (1984). „Strömung und Wärmeübergang in welligen Flüssigkeitsfilmen“. Diss. Braunschweig: TU Braunschweig.

Park, C.D et al., (2004). „Wave-augmented mass transfer in a liquid film falling inside a vertical tube“. *Int. J. Heat Mass Transfer* 47(12-13), S. 2587–2598.

Portalski, S. (1963). „Studies of falling liquid film flow Film thickness on a smooth vertical plate“. *Chem. Eng. Sci.* 18(12), S. 787–804.

Portalski, S. (1964). „Velocities in film flow of liquids on vertical plates“. *Chem. Eng. Sci.* 19(8), S. 575 –582.

Portalski, S. und A.J Clegg (1972). „An experimental study of wave inception on falling liquid films“. *Chem. Eng. Sci.* 27(6), S. 1257–1265.

Ramirez, C., M. Patel und K. Blok (2006). „From fluid milk to milk powder: Energy use and energy efficiency in the European dairy industry“. *Energy* 31(12), S. 1984–2004.

Salazar, R. P. und E. Marschall (1978). „Statistical Properties of the Thickness of a falling Liquid Film“. *Acta mechanica* 29(1-4), S. 239–255.

Salvagnini, W. M. und M. E. S. Taqueda (2004). „A Falling-Film Evaporator with Film Promoters“. *Industrial engineering chemistry research. - Washington* 43(21), S. 6832–6835.

Schmidt, Torsten (2000). „Viskositäts- und Oberflächenspannungsverhalten von reinen und technischen Saccharoselösungen“. Diss. Berlin: Technische Universität Berlin.

Schnabel, G. (1980). „Bestimmung des örtlichen Wärmeüberganges bei der Fallfilmverdampfung und Kondensation an gewellten Oberflächen zur Auslegung von Hochleistungsverdampfern“. Diss. Karlsruhe: Universität Karlsruhe.

Schnabel, G. und E. U. Schlünder (1980). „Wärmeübergang von senkrechten Wänden an nichtsiedende und siedende Rieselfilme“. *Verfahrenstechnik* 14(2), S. 79–83.

Schnabel, G. und J. W. Palen (2006). „Wärmeübergang an senkrechten berieselten Flächen“. In: *VDI Wärmeatlas*. VDI-Gesellschaft Verfahrenstechnik und Chemieingenieurwesen, Springer- Verlag Berlin Heidelberg. Kap. Md.

Scholl, S. und M. Rinner (2006). „Verdampfung und Kondensation“. In: *Fluidverfahrenstechnik - Grundlagen, Methodik, Technik, Praxis.* Hrsg. von Ralf Goedecke. Bd. 2. Weinheim: WILEY-VCH Verlag, S. 581–687.

Schuchmann, H. P. und H. Schuchmann (2005). *Lebensmittelverfahrenstechnik: Rohstoffe, Prozesse, Produkte.* Weinheim: Wiley-VCH.

Schulze, H. (1984). *Fallfilmverdampfung und Kondensation an glatten und längsprofilierten Rohren.* Bd. 144. VDI-Fortschr.-Berichte, Reihe 6. Düsseldorf: VDI-Verlag.

Storch, Th, Ch Philipp und U. Gropp (2008). „Zero Shear-Stress Experiments of Falling Film Evaporation inside a Vertical Tube“. In: *Proceedings 5th European Thermal-Sciences Conference.* Hrsg. von G. G. M. Stoffels, T.H. van der Meer und A.A. van Steenhoven.

Storch, Th. et al., (2009). „Heat flux effect on falling film evaporation inside a vertical tube“. *Proc. 7th World Conf. on Exp. Heat Transfer, Fluid Mechanics and Thermodynamics (ExHFT-7), Krakow, Poland.*

Struve, H. (1969). „Blasenverdampfung bei einem Rieselfilm". *Chem. Ing. Tech.* 7(41), S. 417–418.

Tailby, S. R. und S. Portalski (1962). „Wave inception on a liquid film flowing down a hydrodynamically smooth plate". *Chem. Eng. Sci.* 17(4), S. 283 –290.

Takahama, H. und S. Kato (1980). „Longitudial flow characteristics of vertically falling liquid films without concurrent gas flow". *Int. J. Multiphase Flow* 6(3), S. 203–215.

Telles, A. S. und A. E. Dukler (1970). „Statistical characteristics of thin, vertical, wavy, liquids films". *Ind. Eng. Chem. Fund.* 9(3), S. 412–421.

Urbaniec, K. (2004). „The evolution of evaporator stations in the beet-sugar industry: Food Processing and Technology - Selected Papers from the 15th CHISA Congress". *J. of Food Engineering* 61(4), S. 505–508.

VDI-Gesellschaft Verfahrenstechnik und Chemieingenieurwesen, Hrsg. (2006). *VDI-Wärmeatlas.* 10. Aufl. Berlin Heidelberg New York: Springer-Verlag.

Wadekar, V. V. (2003). *Modelling and prediction of falling film evaporation: VDI-Fortschritt Berichte.*

Weise, F. K. (2007). *Experimentelle Untersuchungen zur Strömung und Wärmeübertragung von Reinstoff-Fallfilmen mit hohen Prandtl-Zahlen: Dissertation.* 1. Aufl. Bd. 3. ICTV-Schriftenreihe. Göttingen: Cuvillier.

Weise, F. K. und S. Scholl (2006). „Influence of the viscosity on the fluid dynamics, heat and mass transfer in a falling film evaporator". *CHISA 2006 - 17th Int. Congress of Chemical and Process Engineering.*

Woronzow, J. G. (1971). „Untersuchungen über die Länge der glatten Anlaufstrecke eines Rieselfilms". *Chem. Ing. Tech.* 43(12), S. 727–731.

Yakubson, A. M. et al., (1978). „Heat exchange in an evaporator with a liquid falling film". *Chemical and Petroleum Engineering* 14(7), S. 627–628.

Ye, X. et al., (2002). „Hydrodynamics of Free-Falling Turbulent Wavy Films and Implications for Enhanced Heat Transfer". *Heat transfer engineering* 23(1), S. 48–60.

Anhang

A Stoffdatenberechnung

Für die Untersuchung des Wärmeübergangs bei hohen Prandtl-Zahlen wurden ausnahmslos Reinstoffe verwendet. Dies ist von Vorteil, da Gradienten in den Stoffdaten über die Lauflänge nicht auftreten. Die benötigten Stoffdaten konnten daher bei Verdampfungstemperatur berechnet werden. Verwendet wurden dafür die Gleichungen nach

- VDI Wärmeatlas [Kleiber et al., 2006, Abschnitt Da]
- Aspen Properties ®

berechnet.

Für die Berechnung der Stoffdaten werden der kritische Druck, die kritische Temperatur und die Molmasse benötigt. In folgender Tabelle sind diese Werte für die verwendeten Medien zusammengestellt:

Tabelle A.1: Kritische Daten und Molmasse der verwendeten Medien

Medium	kritischer Druck [MPa]	kritische Temperatur [K]	Molmasse [$\frac{g}{mol}$]
Wasser	22	647,1	18,015
Propylenglykol	6,1	626	76,095
Cyclohexanol	4,26	650,1	100,161
Chlorbenzol	4,5	632,35	112,558

A.1 Dampfdruck der Flüssigkeit

Die erweiterte Antoine-Gleichung wird genutzt um die Dampfdrücke der Medien auf Heiz- und Produktseite zu ermitteln. Die Parameter, siehe Tab. A.2 wurden der Stoffdatenbank von ASPEN Properties 2006 entnommen. Die Temperatur wird in Kelvin eingesetzt, der erhaltene Dampfdruck hat die Einheit bar.

$$ln\left(p_0\right) = A + \frac{B}{(T+C)} + D \cdot T + E \cdot ln\left(T\right) + F \cdot T^G \qquad (A.1)$$

Tabelle A.2: Parameter zur Berechnung des Dampfdruckes, Gl. A.1

Medium	A	B	C	D	E	F	G
Wasser	62,1360745	-7258,2	0	0	-7,3037	$4{,}1653 \cdot 10^{-6}$	2
Propylenglykol	201,287075	-15420	0	0	-28,109	$2{,}1564 \cdot 10^{-5}$	2
Cyclohexanol	177,677075	-14337	0	0	-24,148	$1{,}074 \cdot 10^{-5}$	2
Chlorbenzol	42,6310745	-6244,4	0	0	-4,5343	$4{,}703 \cdot 10^{-18}$	6

A.2 Dichte der Flüssigkeit

Die Dichte von Wasser wurde berechnet zu

$$\begin{aligned}\rho_{Wasser} = \Bigg(A + B \cdot \left(1 - \frac{T}{T_{krit}}\right)^{0{,}35} + C \cdot \left(1 - \frac{T}{T_{krit}}\right)^{\frac{2}{3}} \\ + D \cdot \left(1 - \frac{T}{T_{krit}}\right) + E \cdot \left(1 - \frac{T}{T_{krit}}\right)^{\frac{4}{3}} \Bigg) \cdot \tilde{M}\end{aligned} \tag{A.2}$$

Die Temperatur wird in Kelvin eingesetzt, die Dichte hat die Einheit $\frac{kg}{m^3}$. Die Parameter sind in Tabelle A.3 zusammengefasst

Tabelle A.3: Parameter zur Berechnung der Dichte von flüssigem Wasser Gl. A.2

Parameter	A	B	C	D	E
Wasser	17,863	58,606	-95,396	213,89	-141,26

Für Propylenglykol, Cyclohexanol und Chlorbenzol wurden die Flüssigkeitsdichten berechnet mit

$$\rho = \left(\frac{A}{B^{\left(1 + \left(1 - \frac{T}{C}\right)^{D}\right)}} \right) \cdot \tilde{M} \tag{A.3}$$

Die Temperatur wird in Kelvin eingesetzt, die Dichte hat die Einheit $\frac{kg}{m^3}$.

Tabelle A.4: Parameter zur Berechnung der Flüssigkeitsdichte Gl. A.3

Medium	A	B	C	D
Propylenglykol	1,0923	0,26106	626	0,20459
Cyclohexanol	0,8243	0,26545	650,1	0,28495
Chlorbenzol	0,8711	0,26805	632,35	0,2799

A.3 Dichte des Dampfes

Die Dichte des Dampfes wurde über die allgemeine Gasgleichung bestimmt. Es ergibt sich für die Dampfdichte

$$\rho_D = \frac{p \cdot \tilde{M}}{R \cdot T} \tag{A.4}$$

mit der allgemeinen Gaskonstante R = 8,31441 $\frac{J}{K \cdot mol}$.

A.4 Viskosität der Flüssigkeit

Die Berechnungsformel für die Viskosität der Flüssigkeit lautet

$$ln\,(\eta) = A + \frac{B}{T} + C \cdot ln\,(T) + D \cdot T^E \tag{A.5}$$

Die Temperatur wird in Kelvin eingesetzt um die Viskosität in $Pa \cdot s$ zu erhalten.

Tabelle A.5: Parameter zur Berechnung der Viskosität der Flüssigkeit Gl. A.5

Medium	A	B	C	D	E
Wasser	-52,843	3703,6	5,866	$-5{,}879 \cdot 10^{-29}$	10
Propylenglykol	-279,88	16929	38,6	0	0
Cyclohexanol	-188,62	13191	24,833	0	0
Chlorbenzol	0,15772	540,5	-1,6075	0	0

A.5 Spezifische Wärmekapazität der Flüssigkeit

Mit der Temperatur in $°C$ errechnet sich die spezifische Wärmekapazität in $\frac{J}{kg \cdot K}$ zu

$$c_P = \frac{A + B \cdot T + C \cdot T^2 + D \cdot T^3 + E \cdot T^4}{\tilde{M}} \tag{A.6}$$

Tabelle A.6: Parameter zur Berechnung der spezifischen Wärmekapazität Gl. A.6

Medium	A	B	C	D	E
Wasser	76150,6014	-47,186288	0,75231463	-0,0038782	$9{,}3701 \cdot 10^{-6}$
Propylenglykol	179686,38	445,2	0	0	0
Cyclohexanol	192996,95	853	0	0	0
Chlorbenzol	148806,625	61,5793792	-1,9528557	0,063483	0

A.6 Wärmeleitfähigkeit der Flüssigkeit

Mit der Temperatur in $°C$ errechnet sich die Wärmeleitfähigkeit in $\frac{W}{m \cdot K}$ zu

$$\lambda = A + B \cdot T + C \cdot T^2 + D \cdot T^3 + E \cdot T^4 \tag{A.7}$$

Tabelle A.7: Parameter zur Berechnung der Wärmeleitfähigkeit, Gl. A.7

Medium	A	B	C	D	E
Wasser	0,56714042	$1{,}72904 \cdot 10^{-3}$	$-6{,}553 \cdot 10^{-6}$	$1{,}861 \cdot 10^{-9}$	0
Propylenglykol	0,20162445	$-4{,}97 \cdot 10^{-5}$	0	0	0
Cyclohexanol	0,13721968	$-1{,}255 \cdot 10^{-4}$	0	0	0
Chlorbenzol	0,13173715	$1{,}917 \cdot 10^{-4}$	0	0	0

A.7 Verdampfungsenthalpie

Die Verdampfungsenthalpie wurde berechnet nach

$$\Delta h_V = A \cdot \left(1 - \frac{T}{T_{krit}}\right)^{\left(B + C \cdot \left(\frac{T}{T_{krit}}\right) + D \cdot \left(\frac{T}{T_{krit}}\right)^2 + E \cdot \left(\frac{T}{T_{krit}}\right)^3\right)} \tag{A.8}$$

Die Temperatur wird in Kelvin eingesetzt, das Ergebnis der Verdampfungsenthalpie hat die Einheit $\frac{J}{mol}$.

Tabelle A.8: Parameter zur Berechnung der Verdampfungsenthalpie, Gl. A.8

Medium	A	B	C	D	E
Wasser	52053000	0,3199	-0,212	0,25795	0
Propylenglykol	80700000	0,295	0	0	0
Cyclohexanol	91791000	0,6382	0	0	0
Chlorbenzol	51480000	0,36614	0	0	0

A.8 Oberflächenspannung der Flüssigkeit

Für die Oberflächenspannung wurde die Gleichung

$$\sigma = A \cdot \left(1 - \frac{T}{T_{krit}}\right)^{\left(B + C \cdot \left(\frac{T}{T_{krit}}\right) + D \cdot \left(\frac{T}{T_{krit}}\right)^2 + E \cdot \left(\frac{T}{T_{krit}}\right)^3\right)} \tag{A.9}$$

genutzt. Die Temperatur wird in Kelvin eingesetzt, das Ergebnis für die Oberflächenspannung hat die Einheit $\frac{N}{m}$.

Tabelle A.9: Parameter zur Berechnung der Oberflächenspannung, Gl. A.9

Medium	A	B	C	D	E
Wasser	0,18548	2,717	-3,554	2,047	0
Propylenglykol	0,064466	0,921	0	0	0
Cyclohexanol	0,067238	1,1373	0	0	0
Chlorbenzol	0,0727	1,242	0	0	0

B Sättigungsdampfdrücke und reduzierte Drücke

Tabelle B.1: Sättigungsdampfdrücke und reduzierte Drücke im Messfeld

Stoff	Verdampfungs-temperatur [°C]	Prandtl-Zahl [-]	Sättigungs-dampfdruck p_S [mbar]	reduzierter Druck $\frac{p_s}{p_{krit}}$
Propylenglykol	100,4	40	31,0	$5{,}1 \cdot 10^{-4}$
Propylenglykol	90,8	47	18,6	$3{,}0 \cdot 10^{-3}$
Propylenglykol	80,5	59	10,4	$1{,}7 \cdot 10^{-4}$
Cyclohexanol	100,4	44	107	$2{,}5 \cdot 10^{-3}$
Cyclohexanol	90,5	57	66,6	$1{,}6 \cdot 10^{-3}$
Cyclohexanol	80,2	77	39,0	$9{,}2 \cdot 10^{-4}$
Cyclohexanol	70,2	108	22,2	$5{,}2 \cdot 10^{-4}$
Cyclohexanol	65,5	129	16,8	$3{,}9 \cdot 10^{-4}$
Cyclohexanol	60,7	155	12,4	$92{,}9 \cdot 10^{-4}$
Wasser	100	1,73	1023	$4{,}7 \cdot 10^{-3}$
Wasser	60	3	200	$9{,}1 \cdot 10^{-4}$

C Oberflächenspannungen, Dampfdrücke und Siedetemperaturen in der Literatur zum Wärmeübergang in Fallfilmverdampfern

Tabelle C.1: Zusammenfassung der Oberflächenspannungen, Dampfdrücke und Siedetemperaturen der vorgestellten Literaturstellen zur Berechnung des Wärmeübergangs bei der Fallfilmverdampfung

Autor	Oberflächenspannung $[10^{-3}\ \frac{kg}{s^2}]$	Dampfdruck $[mbar]$	Siedetemperatur $[°C]$
[Haase, 1966; Haase, 1970]	58,2	1013	100
[Struve, 1969]	19,0	1013	25
[Elle, 1970]	16 ... 30	1180 ... 1770	20 ... 50
[Chun et al., 1971]	72,2 ... 58,2	39 ... 1013	28,3 ... 100
[Fujita et al., 1978]	58,2	1013	100
[Schnabel, 1980]	k. A. ... 58,2	1000	47,7 ... 100
[Schulze, 1984]	65,4 ... 50,3	229 ... 3608	63 ... 140
[Papendieck, 1984]	58,2	1013	100
[Alhusseini, 1995]	29,0 ... 69,4	17,9 ... 1013	42 ... 100
[Weise, 2007]	29,2 ... 58,2	12,0 ... 1013	65 ... 100

D Matlab-Programm zur Ermittlung der letzten sichtbaren Linie

```
function bilddaten %% clc
clear
G=[2];
files=dir('*.jpg');
for k = 1:numel(files)
Bild=imread(files(k).name); %Öffnen der Bilddatei
Bild_crop=imcrop(Bild,[0 40 300 2130]);%Auswahl des Bildausschnittes
D0=Bild_crop(:,20); %Extraktion von Linien im Rohrbereich
D1=Bild_crop(:,100);
D2=Bild_crop(:,105);
D3=Bild_crop(:,110);
D4=Bild_crop(:,115);
D5=Bild_crop(:,120);
%%
[pks00,E00]=findpeaks(D0,'minpeakheight',250);% Detektion der Linien mit Position
[pks01,E01]=findpeaks(D1,'minpeakheight',250);
[pks02,E02]=findpeaks(D2,'minpeakheight',250);
[pks03,E03]=findpeaks(D3,'minpeakheight',250);
[pks04,E04]=findpeaks(D4,'minpeakheight',250);
[pks05,E05]=findpeaks(D5,'minpeakheight',250);
%%
E0=E00';
E1=E01';
E2=E02';
E3=E03';
E4=E04';
E5=E05';
%% pks0=pks00';
pks1=pks01';
pks2=pks02';
pks3=pks03';
pks4=pks04';
pks5=pks05';
%% B=size(E1); %Größe der Matrix wird ermittelt
m=B(1,1); %maximale Zeilenzahl
n=1; %Zeilenzähler Matrix
y=1;
E_einlauf=[1 1];
while n <= m %Schleife wird so oft ausgeführt, bis n=m ist
```

```
A(n)=E1(n,1);%Vektor A mit Zeileninfos wird erstellt
if n>=2 %Rechnung macht erst Sinn bei Abstand zweier Zeilen
C=A(n)A(n1); %Abstand wird berechnet
if C < 85 && y==1 %wenn der Zeilenabstand größer wird als 85 werden die Werte nicht
berücksichtigt
E_einlauf(n1)=[A(1,n1)]; %Werte werden in Vektor geschrieben
E_einlauf(n)=[A(1,n)]; %Werte werden in Vektor geschrieben
elseif C > 85
y=0;
end
end
n=n+1;
end
E_einlauf;
Max1=max(E_einlauf);
%% B=size(E2); %Größe der Matrix wird ermittelt
m=B(1,1); %maximale Zeilenzahl
n=1; %Zeilenzähler Matrix
y=1;
E_einlauf2=[1 1];
while n <= m %Schleife wird so oft ausgeführt, bis n=m ist
A(n)=E2(n,1); %Vektor A mit Zeileninfos wird erstellt
if n>=2 %Rechnung macht erst Sinn bei Abstand zweier Zeilen
C=A(n)-A(n-1); %Abstand wird berechnet
if C < 85 && y==1 %wenn der Zeilenabstand größer wird als 85 werden die Werte nicht
berücksichtigt
E_einlauf2(n-1)=[A(1,n-1)]; %Werte werden in Vektor geschrieben
E_einlauf2(n)=[A(1,n)]; %Werte werden in Vektor geschrieben
elseif C > 85
y=0;
end
end
n=n+1;
end
E_einlauf2;
Max2=max(E_einlauf2);
%% B=size(E3); %Größe der Matrix wird ermittelt
m=B(1,1); %maximale Zeilenzahl
n=1; %Zeilenzähler Matrix
y=1;
E_einlauf3=[1 1];
```

```
while n <= m %Schleife wird so oft ausgeführt, bis n=m ist
A(n)=E3(n,1); %Vektor A mit Zeileninfos wird erstellt
if n>=2 %Rechnung macht erst Sinn bei Abstand zweier Zeilen
C=A(n)-A(n-1); %Abstand wird berechnet
if C < 85 && y==1 %wenn der Zeilenabstand größer wird als 85 werden die Werte nicht
berücksichtigt
E_einlauf3(n-1)=[A(1,n-1)]; %Werte werden in Vektor geschrieben
E_einlauf3(n)=[A(1,n)]; %Werte werden in Vektor geschrieben
elseif C > 85
y=0;
end
end
n=n+1;
end
E_einlauf3;
Max3=max(E_einlauf3);
%% B=size(E4); %Größe der Matrix wird ermittelt
m=B(1,1); %maximale Zeilenzahl
n=1; %Zeilenzähler Matrix
y=1;
E_einlauf4=[1 1];
while n <= m %Schleife wird so oft ausgeführt, bis n=m ist
A(n)=E4(n,1); %Vektor A mit Zeileninfos wird erstellt
if n>=2 %Rechnung macht erst Sinn bei Abstand zweier Zeilen
C=A(n)-A(n-1); %Abstand wird berechnet
if C < 85 && y==1 %wenn der Zeilenabstand größer wird als 85 werden die Werte nicht
berücksichtigt
E_einlauf4(n-1)=[A(1,n-1)]; %Werte werden in Vektor geschrieben
E_einlauf4(n)=[A(1,n)]; %Werte werden in Vektor geschrieben
elseif C > 85
y=0;
end
end
n=n+1;
end
E_einlauf4;
Max4=max(E_einlauf4);
%% B=size(E5); %Größe der Matrix wird ermittelt
m=B(1,1); %maximale Zeilenzahl
n=1; %Zeilenzähler Matrix
y=1;
```

```
E_einlauf5=[1 1];
while n <= m %Schleife wird so oft ausgeführt, bis n=m ist
A(n)=E5(n,1);%Vektor A mit Zeileninfos wird erstellt
if n>=2 %Rechnung macht erst Sinn bei Abstand zweier Zeilen
C=A(n)-A(n-1); %Abstand wird berechnet
if C < 85 && y==1%wenn der Zeilenabstand größer wird als 85 werden die Werte nicht
berücksichtigt
E_einlauf5(n-1)=[A(1,n-1)]; %Werte werden in Vektor geschrieben
E_einlauf5(n)=[A(1,n)]; %Werte werden in Vektor geschrieben
elseif C > 85
y=0;
end
end
n=n+1;
end
E_einlauf5;
Max5=max(E_einlauf5);
%%
G=[G;Max1;Max2;Max3;Max4;Max5];

end
xlswrite('Ergebnis1.xls',G,files(k).name,'a1');
xlswrite('Ergebnis1.xls',E0,files(k).name,'b1');
end
```

Lebenslauf

Name	Stefanie Arndt
Geburtsdatum	13.06.1979
Geburtsort	Mainz
Familienstand	ledig
Eltern	Gisela und Konrad Arndt

Ausbildung

1995 - 1998	Carl-von Ossietzky Gymnasium, Wiesbaden Abschluss: Abitur
1998 - 2002	Europa Fachhochschule Fresenius, Idstein Abschluss: Diplom-Chemieingenieur (FH)
2004 - 2006	Technische Universität Carolo-Wilhelmina zu Braunschweig Abschluss: Diplom-Ingenieurin Maschinenbau

Berufstätigkeit

2002 - 2004	Technische Angestellte Fraunhofer Institut für Schicht- und Oberflächentechnik, Braunschweig
2004 - 2005	Hilfswissenschaftlerin Fraunhofer Institut für Schicht- und Oberflächentechnik, Braunschweig
2007 - 2011	Wissenschaftliche Mitarbeiterin Institut für Chemische und Thermische Verfahrenstechnik Technische Universität Carolo-Wilhelmina zu Braunschweig
seit 2012	Entwicklungsingenieurin UIC GmbH, Alzenau